鲲鹏云服务技术与应用

主　编　田广强
副主编　牧　笛　周　静
参　编　倪龙飞　宋沁峰　赵利格
　　　　解博江　胡舒淋　李井竹

北京理工大学出版社
BEIJING INSTITUTE OF TECHNOLOGY PRESS

内 容 简 介

本书主要围绕鲲鹏云服务展开，介绍 x86 架构软件迁移到鲲鹏架构时涉及的工具等，还根据企业高可靠性的要求，介绍了云容灾中用到的鲲鹏云服务。

全书共 7 章：第 1 章为云服务概述，介绍了云服务的技术架构及产品，以及公有云管理系统；第 2 章介绍了鲲鹏云基础云服务，包括存储类云服务、计算类云服务和网络类云服务三大类；第 3 章介绍了鲲鹏云解决方案，包括鲲鹏硬件、鲲鹏基础云服务和鲲鹏云容器；第 4 章介绍了鲲鹏应用软件迁移，包括编程语言、软件迁移和迁移工具；第 5 章介绍了鲲鹏云容器实践，包括基于鲲鹏架构的云容器引擎和容器实例；第 6 章介绍了云容灾技术应用，包括容灾的应用场景、华为云容灾核心技术和行业解决方案分析；第 7 章介绍了上云迁移解决方案，包括迁移设计与实施、华为云迁移工具介绍和迁移案例分析。

图书在版编目（CIP）数据

鲲鹏云服务技术与应用 / 田广强主编. --北京：
北京理工大学出版社，2023.9
　　ISBN 978-7-5763-2926-1

　　Ⅰ.①鲲…　Ⅱ.①田…　Ⅲ.①云计算-研究　Ⅳ.
①TP393.027

中国国家版本馆 CIP 数据核字（2023）第 187956 号

责任编辑：李　薇　　　文案编辑：李　硕
责任校对：刘亚男　　　责任印制：李志强

出版发行 /	北京理工大学出版社有限责任公司
社　　址 /	北京市丰台区四合庄路 6 号
邮　　编 /	100070
电　　话 /	(010) 68914026 (教材售后服务热线)
	(010) 68944437 (课件资源服务热线)
网　　址 /	http://www.bitpress.com.cn

版 印 次 /	2023 年 9 月第 1 版第 1 次印刷
印　　刷 /	涿州市新华印刷有限公司
开　　本 /	787 mm×1092 mm　1/16
印　　张 /	13.75
字　　数 /	315 千字
定　　价 /	89.00 元

前 言 ↘

    在企业级桌面和服务器软件开发领域，基于 x86 架构的硬件平台一直占据着主导地位，这个架构事实上被 Intel 和 AMD 公司垄断了。要想抛开 x86 架构，找到一条新的出路非常困难。移动计算的兴起使开放的 ARM 架构得到了飞速发展，并且延伸到了服务器领域。近年来，世界上有不少公司推出了兼容 ARM 架构的服务器处理器，而华为公司的鲲鹏处理器无疑是其中的佼佼者。鲲鹏处理器采用先进的 ARM 架构，具备高性能和低功耗的特点。它能够提供强大的计算能力，满足企业在大数据分析、人工智能、高性能计算等方面的需求。

    鲲鹏云服务是华为公司推出的一系列云计算服务。它是基于华为自主研发的鲲鹏处理器架构和云计算技术而构建的，能提供丰富的云服务，包括云服务器、云存储、云网络等，用户可以根据需要选择相应的云服务，以构建自己的云计算平台，从而帮助企业和个人实现数字化转型和业务创新。

    本书内容主要围绕鲲鹏云服务展开，包括计算服务、存储服务、网络服务等，介绍 x86 架构软件迁移到鲲鹏架构时会涉及的工具等，还根据企业高可靠的要求介绍了云容灾中用到的鲲鹏云服务。需要说明的是，鲲鹏架构本身还在快速进化中，书中介绍的一些内容，如鲲鹏硬件性能参数可能会随时变化，读者在阅读本书时需注意对应的版本更新。

    本书第 1 章介绍了云服务概述，包括云服务的技术架构及产品和公有云管理系统；第 2 章介绍了鲲鹏云基础云服务，包括存储类云服务、计算类云服务和网络类云服务三大类；第 3 章介绍了鲲鹏云解决方案，包括鲲鹏硬件鲲鹏基础云服务和鲲鹏云容器；第 4 章介绍了鲲鹏应用软件迁移，包括软件迁移过程和迁移过程中用到的工具；第 5 章介绍了鲲鹏云容器实践，包括基于鲲鹏架构的云容器和云容器实例；第 6 章介绍了云容灾技术应用，包括容灾的应用场景、华为云容灾的核心技术和行业解决方案分析；第 7 章介绍了上云迁移解决方案，包括迁移设计、迁移工具以及迁移案例等。

    云计算已经成为现代社会的一个关键推动力，它改变了我们的生活方式、商业运营方式以及对世界的认知方式。鲲鹏云服务作为华为公司在云服务领域的杰出贡献，可以为企业提供全面的云服务和技术支持，助力企业实现数字化转型和业务创新。

    在我们踏上阅读的旅程之前，首先要由衷感谢各位读者能选择本书。编写本书的初衷是分享关于鲲鹏云服务的知识，以及说明如何将它们应用于解决现实世界中的各种挑战和问题。

本书将深入探讨鲲鹏云服务的最新发展，以及最新的云服务技术。我们将分享实用的技巧、最佳实践和案例研究，以帮助读者更好地理解和应用这些知识。

本书由黄河交通学院田广强任主编，河南牧业经济学院牧笛、黄河科技集团有限公司周静任副主编；参编人员有黄河交通学院倪龙飞、宋沁峰、解博江、胡舒淋，深圳市讯方技术股份有限公司赵利格，河南牧业经济学院李井竹。具体编写分工如下：田广强编写第1章，牧笛编写2.1-2.4节，周静编写2.5-2.9节，李井竹编写2.10-2.14节，倪龙飞编写第3章，解博江编写5.1-5.2，胡舒淋编写5.3-5.4，宋沁峰编写第6章，赵利格编写第4、7章。

无论是技术工作者、数据科学家、决策者，还是对云计算和鲲鹏云服务感兴趣的读者，我们希望这本书都能为他们带来一定的价值。我们迫不及待地期待与各位读者一同探索云服务的无限潜力，以及鲲鹏云服务在这一领域的卓越表现。

目 录

第1章

云服务概述

1.1 引　言

很多年以前，在计算机还没有普及时，使用计算机的用户很少。后来，随着计算机的发展，接入互联网的用户也越来越多。

同时，应用软件的功能变得越来越多样，架构也变得越来越复杂。因此，计算机需要支持更多的用户，需要具有强大的计算能力，需要运行更加稳定和安全等。为了支持这些不断增长的需求，企业不得不购买各类硬件设备（服务器、存储器等）和软件（数据库、中间件等），此外还需要组建一个完整的运维团队来支持这些设备或软件的正常运作，这些维护工作包括安装、配置、测试、运行、升级以及保证系统的安全等。然而，企业发现支持这些应用的费用变得非常巨大，其会随着应用的数量或规模的增加而不断提高，这也是为什么即使是工作在大企业的 IT 部门的员工仍在不断抱怨其所使用的系统难以满足他们的需求。而对于中小规模的企业，甚至个人创业者来说，开发软件产品的运维成本就更加难以承受了。

鉴于以上这些情况，更大、更快、更强的云计算应运而生。

1.1.1　云计算就在身边

2008 年，电影《钢铁侠》上映，开启了超级英雄类型电影的盛宴，下面我们以超级英雄为例来介绍云计算。

在许多超级英雄中，钢铁侠深受众多观众的喜爱，在电影《钢铁侠 3》中，钢铁侠在营救朋友们时，面对众多的变种人，他先是召唤出了钢铁军团，后来甚至召唤出了各种型号的钢铁战衣。

分析上述实现过程：首先，制造钢铁军团；其次，使用某种技术打通钢铁侠和钢铁军团之间以及钢铁军团内部之间的通信（前者是为了将它们召唤出来）；最后，面对不同的需求，召唤出不同型号的钢铁战衣。像这种提前将资源准备好，通过特定技术随时随地使用这些资源去执行特定任务的方式就属于云计算类型。

在电影中，钢铁侠使用钢铁战衣可以飞天遁地、惩奸除恶，那么在现实生活中云计算能为人们提供什么样的服务呢？是否也可以像钢铁战衣一样招之即来，挥之即去呢？我们可以打开如图 1-1 所示的华为公有云网站。

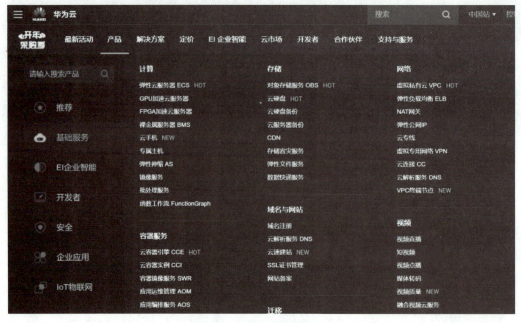

图1-1　华为公有云网站

在"产品"→"基础服务"中，有"计算""存储""网络""容器服务"等大的产品类型，其下又细分为数量不等的小的产品类型。下面以弹性云服务器(Elastic Cloud Server，ECS)为例，对云服务器的规格进行介绍，如图1-2所示。

图1-2　ECS 的规格

我们会发现云服务器的规格和计算机的配置差不多，都有 CPU、内存及硬盘参数，后面也会给云服务器安装需要的操作系统，配置 IP 地址等。其实，购买一台云服务器和购买一台计算机一样，云服务器就是把一台计算机放在云端，用户使用云服务器可以完成绝大部分在计算机上可以完成的工作，如编辑文档、发送邮件或协同办公等。此外，云服务器还具备一些计算机不具备的特性。例如，用户可以通过手机或 iPad 使用云服务器，甚至可以随时修改自己的云服务器的配置，如把内存从 1 GB 扩容成 2 GB 等。

除了云服务器外，在华为公有云网站上还可以购买很多其他的服务。例如，如果需要网站，则可以购买云速建站服务，利用此服务可以很快地完成网站的搭建；如果需要硬盘来存储数据，则可以购买对象存储服务（Object Storage Service，OBS）或云硬盘服务（即弹性容量服务，Elastic Volume Service，EVS）。从更高的层次来讲，我们在云计算中可以完成人脸识别、语音识别、图像识别或文字识别等 AI 功能。

总之，云计算可以使用户像使用水、电一样使用 IT 服务。我们只要打开水龙头和开关就可以使用水、电，那是因为水和电都已经连在了水网和电网上。以此类推，将水网、电网放到云计算中就是互联网，IT 服务就是我们要使用的水、电，而水龙头和开关可以是网页，也可以是某一个 APP。

大家可能会有这样的疑问，我们计算机中所需要的应用都已经被安装在了本地硬盘中，也不会用到人脸识别、语音识别等服务，而 IT 服务又不是水电，我们即使不使用 IT 服务也能正常生活，云计算和用户似乎没有多大关系。其实不然，人们已经在使用云计算了。

前面讲过，云计算的水龙头和开关可以是网页，也可以是某一个 APP。下面以几个常用的 APP——百度网盘、华为手机的自动备份、有道云笔记和网易云音乐为例来讲解云计算的作用，如图 1-3 所示。

图 1-3　云计算类 APP

百度将百度网盘定义为一项云存储服务，通过百度网盘的客户端，人们可以轻松地将照片、视频、文档等文件进行备份、同步和分享。其中，"备份""同步""分享"就属于 IT 服务。如果没有云计算，要实现这些服务需要手动将文件复制到其他硬盘上，再通过硬盘分享数据给其他人或恢复数据。现在，只需要在客户端上指定需要备份的文件夹，无论客户端是被安装在手机上还是个人计算机(Personal Computer，PC)上，只要该设备连接了互联网，数据就会被自动上传到共享资源池中来代替硬盘，这种模式就是云计算。使用了云计算后，资源池是共享的，因此通过分享资源池中的数据，其他人可以很容易将这些数据下载下来，通过一定的技术手段自动进行数据的同步。

百度网盘需要用户自己安装，而华为手机的备份与恢复服务是出厂自带的。其他品牌的手机也有类似的服务，如 iPhone 和 iCloud 都可以将手机端的文件备份到远端的数据中心中，人们在更换手机后，登录自己的账号和密码都可以将自己的数据还原到新的手机上。

人生总是处处有惊喜，时时有感悟，当我们想要把某个时刻大爆发的灵感记下来时，却发现身边没有纸和笔，这时就需要有道云笔记，其提供了文档在线创建和编辑功能，获得 5 000 万用户的青睐。文档的创建和编辑也是经常用到的 IT 服务，使用有道云笔记后，就相当于这种服务由云计算提供，无论是 PC 端、移动端还是网页端，用户可以随时随地对线上资料进行编辑、分享及协同，并且每次编辑都可以立刻同步到云端。

网易的网易云音乐，用户如果使用了该 APP 或其他类似的 APP，所有的歌曲都可以在线收听，随时打开随时播放。

1.1.2　云计算的定义

现阶段，人们对云计算的定义有多种说法。到底什么是云计算，目前至少可以找到100 种解释。一种广为接受的说法是由美国国家标准与技术研究院(National Institute of Standards and Technology，NIST)定义的：云计算是一种模型，可以实现随时随地、便捷地、随需应变地从可配置计算资源共享池中获取所需的资源(如网络、服务器、存储、应用及服务)，资源能够快速供应并释放，使管理资源的工作量和与服务提供商的交互减小到最低限度。

定义中的重点如下：

(1)云计算不是技术，而是一种模型；

(2)通过云计算，用户能使用的资源包括网络、服务器、存储、应用及服务等，这些资源全部属于 IT 领域，云计算的目标就是让大众像获取水、电一样获取 IT 服务；

(3)资源的使用可以随时随地，前面讲过云计算的特点，"随时随地"的前提是网络可达；

(4)"资源能够快速供应并释放"对应了云计算快速、弹性伸缩(Euto Scaling，AS)的特点，而"与服务提供商的交互减小到最低限度"对应了按需自助服务。

通俗地讲，"云"是网络、互联网的一种比喻说法，即互联网与建立互联网所需要的底层基础设施的抽象体，"计算"指的是一台足够强大的计算机所提供的计算服务(包括各种功能、资源、存储)。"云计算"可以理解为：通过互联网，可以使用足够强大的计算机为用户提供的服务，这种服务的使用量可以使用统一的单位来描述。

注意："云"代表互联网是来自数通领域，在画拓扑图的时候，工程师们会使用云图形代表"拿来就可以使用，不必关心其内部技术细节"的网络，最后慢慢演变为用云图形来特指互联网。

既然云计算是由互联网和计算组成的，那么云计算的发展史就是由互联网发展史和计算模式发展史组成的，下一章我们将介绍云计算是如何发展起来的，在这之前，先分享一个互联网技术没有成熟导致云计算尝试失败的案例。

拉里·埃里森是 Oracle 公司的创始人，IT 界的传奇人物。Oracle 公司成立的时候，美国另外两家公司也成立了，一家是苹果，另一家是微软。最开始的时候，微软公司的主打产品是操作系统，Oracle 公司的主打产品是数据库。1988 年，微软公司也推出了数据库——SQL Server。因此，拉里·埃里森推出了一款不需要安装操作系统的互联网计算机作为回应。互联网计算机没有本地硬盘，操作系统、用户数据和程序都放在远端数据中心的服务器中，价格上也很有优势。然而，当时推出这款产品的时间是 1995 年，这个时候的互联网还没有普及，也没有足够大的带宽，网速很慢，几乎无法支持在线操作，用户的体验感很不好，因此其在两年以后退出市场。

互联网计算机可以算是云计算的雏形，然而这个概念太超前了，再加上 2000 年左右互联网泡沫的破裂影响了人们对云端应用的信心，直到 2006 年亚马逊公司推出亚马逊 Web 服务——AWS 情况才有所好转。

1.1.3 云计算的部署模式

在云计算中，部署的所有应用一般都遵循统一的分层结构，应用程序最终会呈现给用户，用户通过应用程序的界面保存或创建自己的数据，为了保证应用程序的正常运行，需要依赖最底层的硬件资源、运行在硬件资源上的操作系统，以及运行在操作系统之上的中间件和应用程序的运行环境。我们把应用程序在内的所有部分称为软件层，把最底层的硬件资源，包括网络资源、存储资源和计算资源统称为基础设施层，而把运行在操作系统之上、应用程序之下的所有中间部分称为平台层。

如果基础设施层由云服务商提供，其他由用户自营，则这种模式被称为基础设施即服务（Infrastructure as a Service，IaaS）；如果基础设施层和平台层由云服务商提供，其他由用户自营，则这种模式被称为平台即服务（Platform as a Service，PaaS）；如果全部由云服务商提供，则这种模式被称为软件即服务（Software as a Service，SaaS）。

下面使用运行在 PC 上的游戏举例。图 1-14 所示是从游民星空中截取出来的，关于大型单机游戏《只狼：影逝二度》的配置需求。

配置需求

	最低配置		推荐配置
系统	Windows 7 / 8 /10(游戏仅支持64位)	系统	Windows 7 / 8 /10(游戏仅支持64位)
CPU	Intel Core i3-2100 / AMD FX-6300	CPU	Intel Core i5-2500K / AMD Ryzen 5 1400
内存	4 GB	内存	8 GB
硬盘	25 GB	硬盘	25 GB
显卡	NVIDIA GeForce GTX 760 / AMD Radeon HD 7950	显卡	NVIDIA GeForce GTX 970 / AMD Radeon RX 570
DX	DirectX 11.0	DX	DirectX 11.0

图 1-4 《只狼：影逝二度》的配置需求

从图中可以看到这款游戏对硬件的要求，如果这台 PC 由用户自己购买，自己安装操作系统及游戏软件，这种模式是传统的模式，属于非云计算类；如果用户拿着这个配置清单到公有云服务商处购买一台这样的云服务器，使用镜像完成操作系统的安装，自己进行软件包的下载和安装，这种模式是 IaaS。在安装此类大型游戏时，经常会弹出如图 1-5 所示的报错信息。

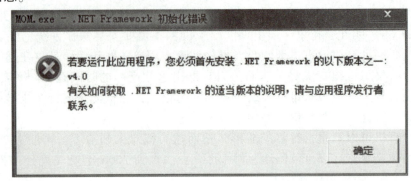

图 1-5 .NET Framework 初始化报错信息

这是因为该游戏软件正常运行需要 .NET Framework 的支持，其属于该软件的运行环境。如果购买的不仅是硬件设备，而且是已经安装和运行了 .NET Framework 的安装环境，那么这种模式属于 PaaS。

如果使用的是 SaaS，则用户直接购买的是连游戏都已经安装好并且激活了的环境，用户只需设置属于自己的用户名和密码，即可开始游戏之旅。

1.1.4　华为云的发展历程

华为云作为华为公司的云计算服务品牌，经历了多年的发展，已逐步成为全球领先的云计算服务提供商之一。华为公司自 2012 年起在云计算领域进行研发和布局，并于 2015 年正式推出华为云品牌，并在国内启动了公共云服务。随后，华为云开始了全球范围内的扩展，进入亚太、欧洲和拉美等地区。

华为云在发展过程中不断完善自身的技术能力和服务能力，持续推出新的产品和解决方案。2017 年，华为云加速布局人工智能领域，推出了 AI 云服务，包括 AI 训练平台、AI 应用开发平台等，为用户提供全面的人工智能解决方案。2018 年，华为云进一步扩大了全球业务，开设了多个海外数据中心，并推出了全球化的云服务。

随着云计算的快速发展，华为云不断推出新的产品和服务，包括云存储、云数据库、云网络等，为不同行业和应用场景提供全面的云服务。华为云还加速推进数字化转型，为企业提供更多的云计算、大数据和人工智能解决方案，助力企业创新和发展。

华为云的发展历程充满了挑战和机遇。通过与合作伙伴的合作，华为云不断提升自身的技术能力和服务质量，致力于为用户提供全面、安全、可靠的云计算服务。目前，华为云已成为全球领先的云计算服务提供商之一，服务范围涵盖了公共云、私有云、混合云等多种云部署模式。华为云在全球范围内建立了广泛的用户群体，为众多企业和组织的数字化转型提供支持和帮助。

华为云的鲲鹏云服务是一项重要的突破和创新。鲲鹏云服务是华为云基于自主研发的鲲鹏处理器和操作系统推出的一项高性能、高可靠性的云计算服务。鲲鹏处理器是华为自主研发的一款 ARM 架构的处理器，具备强大的计算能力和低功耗特点。华为云通过将鲲鹏处理器与自主研发的操作系统 HarmonyOS 相结合，构建了一套高效、安全、可靠的云计算平台。

自 2016 年华为公司正式发布鲲鹏处理器以来，鲲鹏云服务便开始逐步崭露头角。作为华为公司自主研发的处理器，鲲鹏处理器以其卓越的性能和低功耗的特点引起了广泛的关注。

随着鲲鹏处理器的推出，华为云开始加速推进鲲鹏云服务的开发和应用。2017 年，华为云正式发布了基于鲲鹏处理器的云服务器产品，为用户提供高性能、高可靠性的云计算服务。随后，华为云不断完善鲲鹏云服务的生态系统，推出了包括云存储、云数据库、云网络等一系列的产品和解决方案，为用户提供更全面、更灵活的云计算服务。

2019 年，华为云进一步推进了鲲鹏云服务的发展，云发布了鲲鹏云服务 2.0 版本，引入了更多的技术创新和功能优化。鲲鹏云服务 2.0 版本在性能、安全性、可靠性等方面都有了显著的提升，为用户提供了更好的体验和服务。

2020 年，华为云鲲鹏云服务已经在全球范围内得到了广泛的应用和认可。鲲鹏云服务在金融、电信、制造等多个行业中得到了广泛的应用，为企业提供了高效、安全、可靠的云计算解决方案。华为云还与合作伙伴共同推动鲲鹏云服务在人工智能、大数据等领域的应用，为用户提供更多的创新和价值。

1.2 云服务的技术架构及产品

1.2.1 华为云服务架构

华为云用区域（Region）和可用区（Avaliability Zone，AZ）来描述数据中心的位置，用户可以在特定的区域、可用区创建资源。

区域：从地理位置和网络时延维度划分，同一个区域内共享弹性计算、块存储、对象存储、VPC 网络、弹性公网 IP、镜像等公共服务。区域分为通用区域和专属区域，通用区域是指面向公共租户提供通用云服务的区域；专属区域是指只承载同一类业务或只面向特定租户提供业务服务的专用区域。

可用区：一个可用区是一个或多个物理数据中心的集合，有独立的风、火、水、电，可用区内逻辑上将计算、网络、存储等资源划分成多个集群。一个区域中的多个可用区之间通过高速光纤相连，以满足用户跨区域构建高可用性（High Availability，HA）系统的需求。图 1-6 所示为区域和可用区示意。

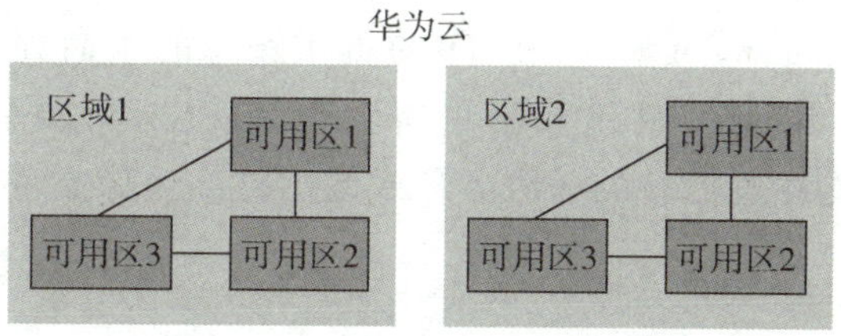

图 1-6 区域和可用区示意

目前，华为云已在全球多个地区开放云服务，用户可以根据需求选择适合自己的区域和可用区。选择区域时，需要考虑以下几个因素。

1. 地理位置

一般情况下，建议用户就近选择靠近自己或目标用户的区域，这样可以减少网络时延，提高访问速度。不过，在基础设施、BGP 网络品质、资源的操作与配置等方面，中国大陆各个区域之间的区别不大，如果自己或目标用户在中国大陆，则可以不用考虑不同区域造成的网络时延问题。

2. 资源的价格

不同区域的资源价格可能有差异。选择可用区时，需要考虑是否将资源放在同一可用区内，这主要取决于对容灾能力和网络时延的要求。如果应用需要较高的容灾能力，则建议将资源部署在同一区域的不同可用区内。如果应用要求实例之间的网络时延较低，则建议将资源创建在同一可用区内。

1.2.2　华为云服务主要产品介绍

1. 计算服务

（1）ECS。

ECS 是由 CPU、内存、操作系统、云硬盘组成的基础的计算组件。ECS 创建成功后，用户就可以像使用自己的本地 PC 或物理机一样，在云上使用 ECS。ECS 的开通是自助完成的，只需要指定 CPU、内存、操作系统、规格、登录鉴权方式即可，也可以根据需求随时调整其规格，打造可靠、安全、灵活及高效的计算环境。

通过和其他产品、服务组合，ECS 可以实现计算、存储、网络、镜像安装等功能：ECS 在不同可用区中部署（可用区之间通过内网连接），部分可用区发生故障后，不会影响同一区域内的其他可用区；可以通过虚拟私有云（Virtual Private Cloud，VPC）建立专属的网络环境，设置子网、安全组，并通过弹性公网 IP 实现外网链接（需带宽支持）；通过镜像服务，可以对 ECS 安装镜像，也可以通过私有镜像批量创建 ECS，实现快速的业务部署；通过 EVS 实现数据存储，并通过云硬盘备份服务实现数据的备份和恢复。云监控服务（Cloud Eye Service，CES）是保持 ECS 的可靠性、可用性的重要部分，通过 CES，用户可以观察 ECS 资源。

（2）镜像与镜像服务。

镜像是一个包含了软件及必要配置的服务器或磁盘模版，包含操作系统或业务数据，还可以包含应用软件（如数据库软件）和私有软件。镜像分为公共镜像、私有镜像、共享镜像、市场镜像，公共镜像为系统默认提供的镜像，私有镜像为用户自己创建的镜像，共享镜像为其他用户共享的私有镜像。

镜像服务（Image Management Service，IMS）提供镜像的生命周期管理能力。用户可以灵活地使用公共镜像、私有镜像或共享镜像，申请 ECS 和裸金属服务器（Bare Metal Server，BMS）。用户还能通过已有的云服务器或使用外部镜像文件创建私有镜像，实现业务上云或云上迁移。

2. 网络服务

虚拟私有云为云服务器、云容器、云数据库等云上资源构建隔离、私密的虚拟网络环境。虚拟私有云丰富的功能能够帮助用户灵活管理云上网络，包括创建子网、设置安全组和网络访问控制列表（Access Control List，ACL）、管理路由表、申请弹性公网 IP 和带宽等。此外，还可以通过云专线（Direct Connect，DC）、VPN 等服务，将虚拟私有云与传统的数据中心互联互通，灵活整合资源，构建混合云网络。

虚拟私有云使用网络虚拟化技术，通过链路冗余、分布式网关集群、多可用区部署等多种技术，保障网络的安全、稳定、高可用。每个虚拟私有云由一个私网网段、路由表和至少一个子网组成。

为了更方便了解虚拟私有云，需要明确以下几个概念。

（1）私网网段。用户在创建虚拟私有云时，需要指定虚拟私有云使用的私网网段。当前，虚拟私有云支持的网段有 10.0.0.0/8～10.0.0.0/24、172.16.0.0/12～172.16.0.0/24 和 192.168.0.0/16～192.168.0.0/24。

（2）子网。云资源（如云服务器、云数据库等）必须部署在子网内。这表明虚拟私有云创建完成后，需要将其划分为一个或多个子网，子网网段必须在私网网段内。

（3）路由表。在创建虚拟私有云时，系统会自动生成默认路由表，默认路由表的作用是保证同一个虚拟私有云下的所有子网互通。当默认路由表中的路由策略无法满足应用（如未绑定弹性公网 IP 的云服务器需要访问外网）时，可以通过创建自定义路由表来解决。

虚拟私有云中还有安全组与网络 ACL 用于保障其内部署的云资源的安全。安全组类似于虚拟防火墙，为同一个虚拟私有云内具有相同安全保护需求并相互信任的云资源提供访问策略，可以为具有相同网络流量控制的子网关联同一个网络 ACL，通过设置出方向和入方向规则，对进出子网的流量进行精确控制。

3. 存储服务

（1）云硬盘服务。云硬盘服务即弹性容量服务，是一种通过云计算技术提供的存储服务，它是在云平台上虚拟化的、可扩展的、弹性的块存储设备。云硬盘可以被视为一种虚拟的硬盘，它提供了类似于物理硬盘的功能和性能，并且可以通过云服务提供商的管理界面进行创建、删除、扩容等操作。用户可以将云硬盘挂载到云服务器上，作为持久化存储来使用。云硬盘可应用于各种场景，如存储应用数据、数据库存储、备份和恢复等。它提供了灵活、可靠、高性能的存储解决方案，帮助用户实现数据的持久化存储和管理。

（2）弹性文件服务（Scalable File Service，SFS）。SFS 是云计算领域的一种分布式文件存储服务，由云服务提供商提供。它允许用户在云平台上创建和管理可扩展的、共享的文件系统，以便多个云服务器实例可以同时访问和共享文件数据。SFS 提供了一个类似于传统文件系统的界面，使用户可以像使用本地文件系统一样访问和操作文件。用户可以通过标准的文件系统接口（如 NFSv4）来读取和写入文件，而无须关心底层的存储和网络细节。SFS 存储适用于许多场景，如共享文件存储、应用程序数据存储、大数据分析和处理等。它提供了灵活、可靠、高性能的文件存储解决方案，帮助用户实现数据的共享和协作，并提升应用程序的可用性和性能。

（3）对象存储服务（OBS）。OBS 是一种云计算存储服务，用于存储和管理大规模的非结构化数据，如图片、视频、文档、日志等。它通过将数据存储为对象的方式，提供了高可扩展性、高可用性和低成本的存储解决方案。OBS 将数据组织为对象，并为每个对象分配一个唯一的标识符（通常是一个 URL）。用户可以使用 OBS 的接口和工具，通过 HTTP 或 HTTPS 上传、下载、删除、复制、查询和管理对象。对象存储服务适用于各种场景，如静态网站托管、多媒体内容存储、备份和恢复、大数据存储和分析等。它提供了灵活、可靠、安全的存储解决方案，帮助用户解决数据存储和管理的挑战，并提升数据的可用性和可靠性。

1.3 公有云管理系统

1.3.1 统一身份认证服务

统一身份认证(Identity and Access Management，IAM)是由华为云提供权限管理的基础服务，可以帮助用户安全地控制云服务和资源的访问权限。

IAM 提供的主要功能包括：精细的权限管理、安全访问、敏感操作、通过用户组批量管理用户权限、区域内资源隔离、联合身份认证、委托其他账号或云服务管理资源、设置安全策略。

如果需要针对 IAM 服务为企业中的员工设置不同的访问权限，以达到不同员工之间的权限隔离，则可以使用 IAM 进行精细的权限管理。该服务提供用户身份认证、权限分配、访问控制等功能，可以帮助用户安全地控制华为云资源的访问。

通过 IAM，可以在账号中给员工创建 IAM 用户，并授权控制他们对资源的访问范围。例如，员工中有负责进行项目规划的人员，希望他们拥有 IAM 的查看权限，却不希望他们拥有删除 IAM 用户、项目等高危操作的权限，那么就可以使用 IAM 为项目规划人员创建 IAM 用户，通过授予仅能查看 IAM，却不允许使用 IAM 的权限，控制他们对 IAM 控制台的使用范围。

默认情况下，管理员创建的 IAM 用户没有任何权限，需要将其加入用户组，并给用户组授予策略或角色，这样才能使用户组中的用户获得对应的权限，这一过程被称为授权。取得授权后，用户就可以基于被授予的权限对云服务进行操作。

IAM 部署时不区分物理区域，为全局级服务。授权时，在全局级服务中设置权限，访问 IAM 时，不需要切换区域。

权限根据授权精细程度可以分为角色和策略。

(1)角色：IAM 最初提供的一种根据用户的工作职能定义权限的粗粒度授权机制。该机制以服务为粒度，提供有限的服务相关角色用于授权。由于各服务之间存在业务依赖关系，因此给用户授予角色时，可能需要一并授予依赖的其他角色，这样才能正确完成业务。角色并不能满足用户对精细化授权的要求，无法完全达到企业对权限最小化的安全管控要求。

(2)策略：IAM 最新提供的一种细粒度授权的能力，可以精确到具体服务的操作、资源以及请求条件等。基于策略的授权是一种更加灵活的授权方式，能够满足企业对权限最小化的安全管控要求。例如，针对 ECS，管理员能够控制 IAM 用户仅能对某一类云服务器资源进行指定的管理操作。多数细粒度策略以 API 为粒度进行权限拆分。

1.3.2 企业管理服务

企业中心为企业客户提供云上组织管理、财务管理等企业上云综合管理服务，以帮助企业以多层级组织的方式管理人、财、物，规范企业在华为云上的操作，满足企业 IT 治理等诉求，其主要包括企业组织管理、财务管理能力。

财务管理提供了多个华为云账号之间形成企业主、子账号关联关系的能力，可以根据自己的企业结构创建多层组织、新建子账号或关联子账号，并使其从属于用户创建的组织，从而对这些子账号的财务进行管理。图 1-7 所示为企业账号和华为云账号关联的使用方法。

图 1-7　企业账号和华为云账号关联的使用方法

企业中心提供了多个华为云账号之间形成企业主、子账号关联关系的能力,可以根据自己的企业结构创建多层组织、新建子账号或关联子账号,并使其从属于用户创建的组织,从而对子账号的财务进行管理。图 1-8 所示为传统互联网公司架构演进到基于华为云的公司架构。

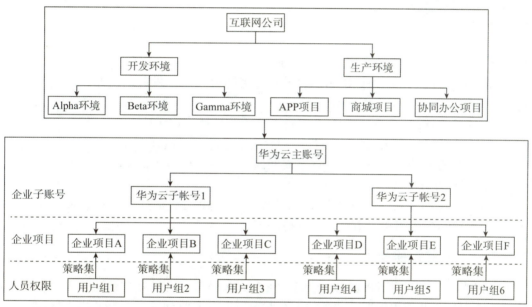

图 1-8　传统互联网公司架构演进到基于华为云的公司架构

1.3.3　云审计服务

日志审计模块是信息安全审计功能的核心必备组件,是企事业单位信息系统安全风险管控的重要组成部分。在信息系统逐步云化的背景下,包括我国国家标准化管理委员会(SAC/TC)在内的全球各级信息、数据安全管理部门已对此发布多份标准,如 ISO/IEC 27000、GB/T 20945—2013、COSO、COBIT、ITIL、NIST SP800 等。

云审计服务(Cloud Trace Service,CTS)是华为云安全解决方案中专业的日志审计服务,提供对各种云资源操作记录的收集、存储和查询功能,可用于支持安全分析、合规审计、资源跟踪和问题定位等常见应用场景。图 1-9 所示为 CTS 流程示意。

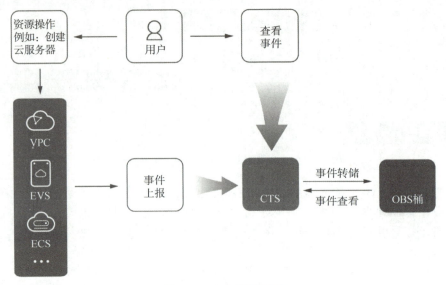

图 1-9　CTS 流程示意

根据上图对 CTS 流程的介绍，其功能主要如下。

（1）审计日志记录：支持记录用户通过管理控制台或 API 发起的操作，以及各服务内部自触发的操作。

（2）审计日志查询：支持在管理控制台对 7 天内的操作记录按照事件类型、事件来源、资源类型、筛选类型、操作用户和事件级别等多个维度进行组合查询。

（3）审计日志转储：支持将审计日志周期性地转储至 OBS 下的 OBS 桶，转储时会按照服务维度压缩审计日志为事件文件。

（4）事件文件加密：支持在审计日志转储过程中使用数据加密服务（Data Encryption Workshop，DEW）中的密钥对事件文件进行加密。

1.3.4　云监控服务

云监控服务（CES）为用户提供一个针对 ECS、带宽等资源的立体化监控平台，使用户全面了解云上的资源使用情况、业务的运行状况，并及时收到异常告警并做出反应，保证业务顺畅运行。图 1-10 所示为 CES 的架构。

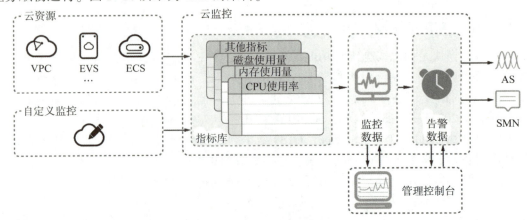

图 1-10　CES 的架构

CES 主要具有以下几个功能。

（1）自动监控。CES 不需要开通，在创建 ECS 等资源后，监控服务会自动启动，用户可以直接到 CES 查看该资源运行状态并设置告警规则。

（2）主机监控。通过在 ECS 或 BMS 中安装 CES 的 Agent 插件，用户可以实时采集 ECS 或 BMS 一分钟级粒度的监控数据。华为云已上线 CPU、内存和磁盘等 40 余种监控指标。有关主机监控的更多信息，请参阅主机监控简介。

（3）灵活配置告警规则。对监控指标设置告警规则时，支持对多个云服务资源同时添加告警规则。告警规则创建完成后，可随时修改告警规则，支持对告警规则进行启用、停止、删除等灵活操作。

（4）实时通知。通过在告警规则中开启消息通知服务，当云服务的状态变化触发告警规则设置的阈值时，系统通过短信、邮件或发送消息至服务器地址等多种方式实时通知用户，让用户能够实时掌握云资源运行状态的变化。

（5）监控面板。为用户提供跨服务、跨维度查看监控数据的功能，将用户关注的重点服务监控指标集中呈现，既能满足总览云服务的运行概况，又能满足排查故障时查看监控详情的需求。

（6）OBS 转储。CES 各监控指标的原始数据的保留周期为两天，超过保留周期后，原始数据将不再保存。可以在 OBS 中创建 OBS 桶，然后将原始数据同步保存至 OBS 桶，以保存更长时间。

（7）资源分组。支持用户从业务角度集中管理其业务涉及的 ECS、云硬盘、弹性 IP、带宽、数据库等资源，从而按业务来管理不同类型的资源、告警规则、告警历史，迅速提升运维效率。

（8）站点监控。用于模拟真实用户对远端服务器的访问，从而探测远端服务器的可用性、连通性等问题。

（9）日志监控。提供了针对日志内容的实时监控能力。通过 CES 和云日志服务的结合，用户可以针对日志内容进行监控统计、告警规则设置等操作，降低用户监控日志的运维成本，简化用户使用监控日志的流程。

（10）事件监控。提供了事件类型数据上报、查询和告警的功能，方便用户将业务中的各类重要事件或对云资源的操作事件收集到 CES，并在事件发生时进行告警。

CES 为用户提供了非常丰富的使用场景，具体包括以下 8 个。

1. 云服务监控

用户开通了 CES 支持的云服务后，即可方便地在 CES 的 Console 页面查看云产品运行状态、各个指标的使用情况，并对监控项创建告警规则。

2. 主机监控

通过监控 ECS 或 BMS 的 CPU 使用率、内存使用率、磁盘等基础指标，确保 ECS 或 BMS 的正常使用，避免因为对资源的过度使用造成业务无法正常运行。

3. 处理异常场景

CES 会根据用户创建的告警规则，在监控数据达到告警策略时发送告警信息，让用户及时获取异常通知，查询异常原因。

4. 扩容场景

对 CPU 使用率、内存使用率、磁盘使用率等监控项创建告警规则后，可以让用户方便地了解云服务现状，在业务量变大后及时收到告警通知并进行手动扩容，或者配合弹性伸缩服务自动伸缩。

5. 站点监控

站点监控服务目前提供 HTTP（HTTPS）、TCP、UDP、PING 4 种探测协议，它们可探测站点的可用性、响应时间、丢包率等，让用户全面了解站点的可用性并在异常时及时处理。

6. 自定义监控

自定义监控补充了云服务监控的不足，如果 CES 未能提供用户需要的监控项，那么用户可以创建自定义监控项，并采集监控数据上报到 CES，CES 会对自定义监控项提供监控图表展示和告警功能。

7. 日志监控

日志监控提供了针对日志内容的实时监控能力。通过 CES 和云日志服务的结合，用户可以针对日志内容进行监控统计、告警规则设置等，降低用户监控日志的运维成本，简化用户使用监控日志的流程。

8. 事件监控

事件监控提供了事件类型数据上报、查询和告警的功能，方便将业务中的各类重要事件或对云资源的操作事件收集到 CES，并在事件发生时进行告警。

1.4 本章小结

本章主要介绍了我们身边的云计算、云计算的部署模式、华为云服务架构，以及公有云的管理系统等。通过这些知识和技术，读者可以对云计算有一个简单的认识。在后面的章节中，将继续学习相关的云服务。

习 题

一、选择题

1. 华为云的 ECS 属于下列哪种商业模式（　　）。

A. IaaS　　　　　B. SaaS　　　　　C. DaaS　　　　　D. PaaS

2. 以下关于云计算的描述中，正确的是（　　）。

A. 云计算是一种技术，能够实现随时随地、便捷地、随需应变地获取 IT 资源

B. 云计算中的各种 IT 资源需要付费才能使用

C. 在云计算中获取的 IT 资源需要通过网络才能使用

D. 在获取 IT 资源的过程中，用户需要与云计算服务提供商反复交涉

二、判断题

1. 在华为云申请的 ECS 只能通过控制台提供的远程登录方式访问。　　（　　）

2. 用户申请的 ECS 必须手动安装操作系统。　　（　　）

3. 华为公有云平台只面向企业用户，不提供给个人用户使用。　　（　　）

三、简答题

1. 在华为云中，购买的 ECS 的系统盘类型有哪些？

2. 备份和快照是数据中心中的数据保护方式，那么可以只有快照，没有备份吗？

3. 云计算服务商在提供各种服务时，客户只需提出需求，服务商就会即时提供客户所需的资源或应用，并在客户需要扩容或减容时，在原服务的基础上做相应的变更，以上内容体现了云计算的哪个特性？

4. 生活中的云计算案例都有哪些？

5. MySQL 数据库实例的默认端口是多少？

第2章 鲲鹏云基础云服务

云服务是基于互联网的相关服务的增加、使用和交互模式，通常涉及通过互联网来提供动态、易扩展且经常是虚拟化的资源。云是网络、互联网的一种比喻说法，过去往往用云来表示电信网，后来也用云来表示互联网和底层基础设施的抽象。云服务指通过网络以按需、易扩展的方式获得所需服务，这种服务可以是 IT、软件、互联网相关服务，也可是其他服务。由此可知，计算能力也可作为一种商品，通过互联网进行流通。

2.1 存储类云服务——云硬盘服务

2.1.1 云硬盘服务简介

云硬盘服务(EVS)可以为云服务器提供高可靠、高性能、规格丰富并且可弹性扩展的块存储服务，可满足不同场景的业务需求，适用于分布式文件系统、开发测试、数据仓库以及高性能计算(High Performance Computing，HPC)等场景。

EVS 类似 PC 中的硬盘，需要挂载至云服务器使用，无法单独使用。用户可以对已挂载的云硬盘执行初始化、创建文件系统等操作，并且把数据持久化地存储在 EVS 上。图 2-1 所示为 EVS 架构。

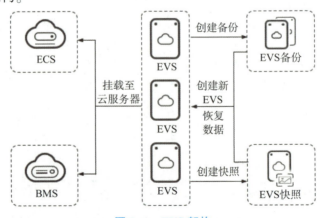

图 2-1 EVS 架构

可以通过云备份(Cloud Backup and Recovery，CBR)中的 EVS 备份功能为 EVS 创建在线备份，无须关闭云服务器。针对病毒入侵、人为误删除、软硬件故障等导致数据丢失或损坏的场景，可通过任意时刻的备份恢复数据，以保证用户数据的正确性和安全性。

2.1.2　云硬盘服务产品优势

EVS 为云服务器提供规格丰富、可弹性扩展、成本低、安全可靠的硬盘资源，其产品优势如表 2-1 所示。

表 2-1　EVS 产品优势

产品优势	优势描述
规格丰富	EVS 有多种规格，可挂载至云服务器用作数据盘和系统盘，用户可以根据业务需求及预算选择合适的 EVS
可弹性扩展	可以创建的单个 EVS 的最小容量为 10 GB，最大容量为 32 TB。若已有的 EVS 容量不足以满足业务增长对数据存储空间的需求，用户可根据需求进行扩容，最小扩容步长为 1 GB，单个 EVS 最大可扩容至 32 TB。同时支持平滑扩容，无须暂停业务
成本低	扩容 EVS 时还会受容量总配额影响，系统会显示当前的剩余容量配额，新扩容的容量不能超过剩余容量配额。用户可以申请足够的配额满足业务需求
安全可靠	系统盘和数据盘均支持数据加密，保护数据安全

2.1.3　云硬盘服务的应用场景

根据性能，EVS 盘可分为极速型固态硬盘(Solid State Disk，SSD)、超高 I/O、通用型 SSD、高 I/O、普通 I/O(上一代产品)这几类，不同类型的 EVS 具有不同的性能，用户可根据应用程序要求选择所需的 EVS。

云硬盘的主要性能指标如下。

(1)每秒读写次数(Input/Output Operations Per Second，IOPS)：EVS 每秒进行读写操作的次数。

(2)吞吐量：EVS 每秒成功传送的数据量，即读取和写入的数据量。

(3)I/O 读写时延：EVS 连续两次进行读写操作所需要的最小时间间隔。

EVS 的性能数据如表 2-2 所示。

表 2-2　EVS 性能数据

参数	极速型 SSD	超高 I/O	通用型 SSD	高 I/O	普通 I/O (上一代产品)
EVS 最大容量	系统盘：1 024 GB 数据盘：32 768 GB	系统盘：1 024 GB 数据盘：32 768 GB	系统盘：1 024 GB 数据盘：32 768 GB	系统盘：1 024 GB 数据盘：32 768 GB	系统盘：1 024 GB 数据盘：32 768 GB
描述	适用于需要超大带宽和超低时延的场景	超高性能 EVS，可用于企业关键性业务，适合高吞吐、低时延的工作负载	高性价比的 EVS，可用于高吞吐、低时延的企业办公	可用于一般访问的工作负载	可用于不常访问的工作负载

续表

参数	极速型 SSD	超高 I/O	通用型 SSD	高 I/O	普通 I/O（上一代产品）
典型应用场景	数据库 Oracle SQL Server ClickHouse AI 场景	超大带宽的读写密集型场景 转码类业务 I/O 密集型场景 NoSQL Oracle SQL Server PostgreSQL 时延敏感型场景 Redis MemCache	各种主流的高性能、低时延交互应用场景 企业办公 大型开发测试 转码类业务 Web 服务器日志 容器等高性能系统盘	一般工作负载的应用场景 普通开发测试	大容量、读写速率中等、事务性处理较少的应用场景 日常办公应用 轻载型开发测试
最大 IOPS	128 000	50 000	20 000	5 000	2 200
最大吞吐量	1 000 MBit/s	350 MBit/s	250 MBit/s	150 MBit/s	50 MBit/s

2.1.4 云硬盘服务的常用管理

EVS 为 ECS 和 BMS 提供硬盘资源。EVS 常见的操作如图 2-2 所示。

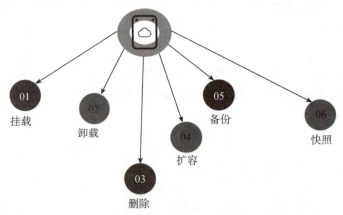

图 2-2　EVS 常见的操作

1. 挂载

EVS 无法独立使用，需要将硬盘挂载给云服务器，供云服务器作为数据盘使用。

系统盘在创建云服务器时自动添加，不需要再次进行挂载。数据盘可以在创建云服务器的时候创建，此时会自动挂载给云服务器。当用户单独购买 EVS 后，需要执行挂载操作，将磁盘挂载给云服务器。

不同的数据盘可以挂载的云服务器台数如下。

（1）非共享数据盘只可以挂载给 1 台云服务器。

（2）共享数据盘可以挂载给 16 台云服务器。

2. 卸载

EVS 挂载给云服务器时，状态为正在使用。当用户需要执行的某些操作要求 EVS 状态为可用时，需要将 EVS 从云服务器卸载，如从快照回滚数据。当用户从云服务器卸载系统盘时，仅在挂载该磁盘的云服务器处于"关机"状态才可以卸载，处于"正在使用"状态的云服务器需要先关机再卸载相应的磁盘。

当用户从云服务器卸载数据盘时，可在挂载该磁盘的云服务器处于"关机"或"正在使用"状态进行卸载。

3. 删除

当不再使用 EVS 时，可以将其删除，以释放虚拟资源。删除 EVS 后，将不会对该 EVS 收取费用。当 EVS 状态为"可用""错误""扩容失败""恢复数据失败""回滚数据失败"时，才可以删除磁盘。

对于共享 EVS，必须在卸载所有的挂载点之后才可以将其删除。

删除 EVS 时，会同时删除所有 EVS 数据，通过该 EVS 创建的快照也会被删除，因此请谨慎操作。

4. 扩容

当 EVS 空间不足时，可以有如下两种处理方式：申请一块新的 EVS，并挂载给云服务器；扩容原有 EVS 空间。系统盘和数据盘均支持扩容。

在华为云管理控制台扩充 EVS 的容量时，需要根据 EVS 状态选择对应的扩容方法。

（1）状态为"正在使用"的 EVS 表示其已挂载至 ECS，需判断 EVS 是否支持处于"正在使用"状态下扩容。

①若支持，可直接扩容 EVS。

②若不支持，需卸载 EVS 后再扩容。

（2）状态为"可用"的 EVS 表示其未挂载至任何 ECS，可直接扩容 EVS。

5. 备份

备份 EVS 通过 EVS 备份服务提供的功能实现。只有当 EVS 的状态为"可用"或"正在使用"时，才可以创建备份。

通过备份策略，可以实现周期性备份 EVS 中的数据，从而提升数据的安全性。当 EVS 数据丢失时，可以从备份中恢复数据。

6. 快照

通过 EVS 可以创建快照，从而保存指定时刻的 EVS 数据。当快照不再使用时，可以删除快照以释放虚拟资源。如果 EVS 的数据发生错误或损坏，可以回滚快照数据至创建该快照的 EVS，从而恢复数据。只支持回滚快照数据至源 EVS，不支持回滚快照数据至其他 EVS。只有当快照的状态为"可用"，并且源 EVS 的状态为"可用"（即未挂载给云服务器）或"回滚数据失败"时，才可以执行该操作。

2.1.5　云硬盘服务与其他云服务的关系

EVS 与其他云服务之间的关系如表 2-3 和图 2-3 所示。

表 2-3　EVS 与其他云服务之间的关系

相关服务	交互功能
弹性云服务器（ECS）	EVS 可以挂载至 ECS，提供可弹性扩展的块存储设备
裸金属服务器（BMS）	小型计算机系统接口（Small Computer System Interface，SCSI）类型的 EVS 可以挂载至 BMS，提供可弹性扩展的块存储设备
云备份（CBR）	通过 CBR 可以备份 EVS 中的数据，保证云服务器数据的可靠性和安全性
数据加密服务（DEW）	EVS 的加密功能依赖于 DEW 中的密钥管理服务（Key Management Service，KMS）。可以使用 KMS 提供的密钥来加密 EVS，包括系统盘和数据盘，从而提升 EVS 中数据的安全性
云监控服务（CES）	当用户开通 EVS 后，无须额外安装其他插件，即可通过 CES 查看 EVS 的性能指标，包括 EVS 读速率、EVS 写速率、EVS 读操作速率以及 EVS 写操作速率
云审计服务（CTS）	EVS 支持通过 CTS 对 EVS 资源的操作进行记录，以便用户可以查询、审计和回溯

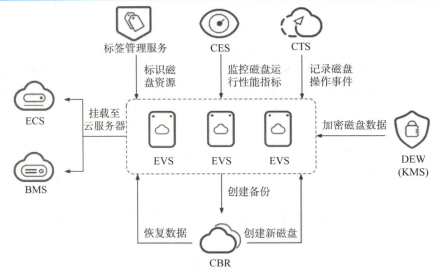

图 2-3　EVS 与其他云服务之间的关系

2.2　存储类云服务——云备份

2.2.1　云备份简介

云备份（CBR）为云内的 ECS、云耀云服务器（Hyper Elastic Cloud Server，HECS）、BMS（以下 3 种服务器下文统称为服务器）、EVS、SFS Turbo 文件系统、云下 VMware 虚拟化环境等提供简单易用的备份服务，当发生病毒入侵、人为误删除、软硬件故障等事件时，可将数据恢复到任意备份点。

当前，普通 I/O（上一代产品）、高 I/O、通用型 SSD、超高 I/O 这 4 种类型的 EVS 支持 CBR。CBR 保障用户数据的安全性和正确性，确保业务安全。

2.2.2　云备份产品架构

CBR 由备份、存储库和策略组成。

1. 备份

备份即一个备份对象执行一次备份任务产生的备份数据，包括备份对象恢复所需要的全部数据。

CBR 产生的备份可以分为以下几种类型。

（1）EVS 备份。提供对 EVS 的基于快照技术的数据保护。

（2）云服务器备份。提供对 ECS 和 BMS 的基于多 EVS 一致性快照技术的数据保护。同时，未部署数据库等应用的服务器产生的备份为服务器备份，部署数据库等应用的服务器产生的备份为数据库服务器备份。

（3）SFS Turbo 备份。提供对 SFS Turbo 文件系统的数据保护。

（4）混合 CBR。提供对线下备份存储 OceanStor Dorado 阵列中的备份数据以及 VMware 服务器备份的数据保护。

CBR 使用存储库来存放备份，创建备份前，需要先创建至少一个存储库，并将服务器或磁盘绑定至存储库。服务器或磁盘产生的备份则会存放至绑定的存储库中。

2. 存储库

存储库分为备份存储库和复制存储库两种。备份存储库用于存放备份对象产生的备份，复制存储库用于存放复制操作产生的备份。

不同类型的备份对象产生的备份需要存放在不同类型的存储库中。

3. 策略

策略分为备份策略和复制策略。

（1）备份策略。需要对备份对象执行自动备份操作时，可以设置备份策略。通过在策略中设置备份任务执行的时间、周期以及备份数据的保留规则，将备份存储库绑定至备份策略，可以为存储库执行自动备份。

（2）复制策略。需要对备份或存储库执行自动复制操作时，可以设置复制策略。通过在策略中设置复制任务执行的时间、周期以及备份数据的保留规则，将备份存储库绑定至复制策略，可以为存储库执行自动复制。复制产生的备份需要存放在复制存储库中，CBR 产品架构如图 2-4 所示。

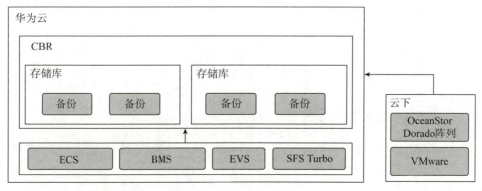

图 2-4　CBR 产品架构

2.2.3 云备份产品优势

CBR 产品优势如下。

（1）可靠。支持云服务器多盘一致性备份，数据库服务器应用一致性备份，使用户的数据更加安全可靠。

（2）高效。永久增量备份，缩短95%备份时长；即时恢复，复原点目标（Recovery Point Objective，RPO）最小为1小时，复原时间目标（Recovery Time Objective，RTO）可达分钟级。

（3）简单。操作简单，3步完成备份配置，无须具备专业的备份软件技能，相比传统备份系统使用更简单。

（4）安全。加密盘的备份数据自动加密，保证数据安全；支持跨区域复制备份数据，可在异地区域恢复，实现异地灾备。

（5）可在线备份。备份数据保存到对象存储，与本地存储分离，提高数据可靠性；备份数据可远程恢复到其他存储设备中，增强可靠性；对象存储费用低廉，大大降低客户成本；无论进行几次备份，单个EVS仅需长期占用一个快照，减轻对本地存储的性能消耗，节省本地存储空间。

（6）可通过备份策略自动进行备份。一个备份策略可绑定多个EVS，批量、自动进行备份，减轻手动备份工作量；通过设置备份时间，定时进行备份，避免遗漏关键时间点的备份；通过设置备份数量，自动删除过期的备份，避免创建大量无用备份。

2.2.4 云备份的应用场景

OBR 可为多种资源提供备份保护服务，最大限度保障用户数据的安全性和正确性，确保业务安全。OBR 适用于数据备份和恢复以及业务快速迁移和部署的场景。

1. 数据备份和恢复

OBR 在以下场景中均可快速恢复数据，保障业务安全可靠。图2-5所示为数据备份和恢复示意图。

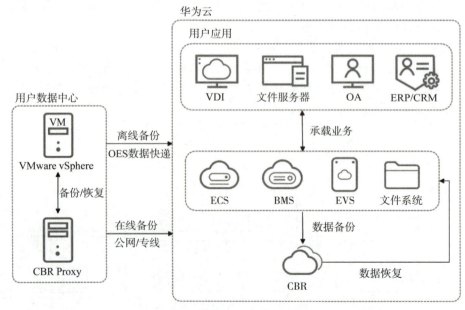

图2-5　数据备份和恢复示意图

如果受到黑客攻击或病毒入侵，通过 CBR 可立即将系统恢复到最近一次没有受黑客攻击或病毒入侵的备份时间点。如果数据被误删，通过 CBR 可立即将系统恢复到删除前的备份时间点，找回被删除的数据。如果应用程序更新出错，通过 CBR 可立即将系统恢复到应用程序更新前的备份时间点，使系统正常运行。如果云服务器宕机，通过 CBR 可立即将系统恢复到宕机之前的备份时间点，使服务器能再次正常启动。

2. 业务快速迁移和部署

为云服务器创建备份，使用备份创建镜像，可快速创建与现有云服务器相同配置的新云服务器，实现业务的快速部署，业务快速迁移和部署示意图如图 2-6 所示。

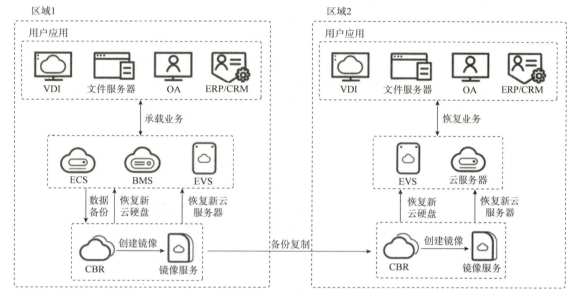

图 2-6 业务快速迁移和部署示意图

2.2.5 云备份与其他云服务的关系

CBR 与其他云服务的关系如表 2-4 和图 2-7 所示。

表 2-4 CBR 与其他云服务的关系

相关服务	交互功能
弹性云服务器（ECS）	CBR 对 ECS 中的 EVS 进行备份，支持将备份的数据恢复到 ECS 的 EVS 中，以便于在 ECS 数据丢失或损坏时自助快速恢复数据。同时支持将备份创建为镜像，以快速恢复业务运行环境
裸金属服务器（BMS）	CBR 对 BMS 中的 EVS 进行备份，同时支持将备份的数据恢复到 BMS 的 EVS 中，以便于在 BMS 数据丢失或损坏时自助快速恢复数据。BMS 与 ECS 备份、管理等操作均一致
弹性文件服务（SFS）	CBR 对 SFS 中的 SFS Turbo 文件系统进行备份，支持使用备份创建新的 SFS Turbo 文件系统，以便于在文件系统数据丢失或损坏时自助快速恢复数据
对象存储服务（OBS）	CBR 通过服务器与 OBS 的结合，将服务器的数据备份到对象存储中，高度保障用户的备份数据安全

续表

相关服务	交互功能
云服务（EVS）	CBR 为 EVS 提供数据备份功能，同时可以使用 EVS 备份创建新的 EVS
云审计服务（CTS）	CBR 支持通过 CTS 对备份服务资源的操作进行记录，以便用户可以查询、审计和回溯
数据快递服务 （Data Express Service，DES）	通过 DES，用户可以安全、快速、高效地传输数据，解决海量数据上云难的问题。VMware 虚拟机执行离线备份后，通过 DES 的 Teleport 或磁盘数据传输方式，可以将 VMware 虚拟机的备份数据上传至 OBS 桶中存储，在 CBR 同步 OBS 桶中的备份数据后进行云内管理
统一身份认证（IAM）	IAM 是支撑企业级自助的云端资源管理系统，具有用户身份管理和访问控制的功能。当企业存在多用户访问 CBR 时，可以使用 IAM 新建用户，以及控制这些用户账号对企业名下资源具有的操作权限
标签管理服务 （Tag Management Service，TMS）	CBR 使用 TMS 对存储库添加预置标签，并对存储库进行过滤和管理
消息通知服务 （Simple Message Notification，SMN）	CBR 依赖 SMN 发送使用 CBR 的消息通知用户。当备份任务执行失败时，系统会自动以邮件和短信的形式通知用户
云监控服务（CES）	当用户开通了 CBR 后，无须额外安装其他插件，即可通过 CES 查看对应存储库的性能指标，包括存储库使用率和存储库使用量

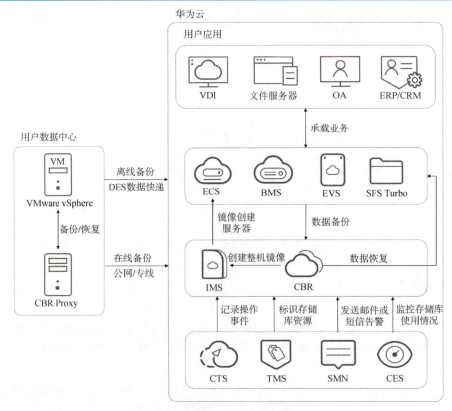

图 2-7　CBR 与其他云服务的关系

2.3　存储类云服务——对象存储服务

2.3.1　对象存储服务简介

对象存储服务(OBS)是一个基于对象的海量存储服务，为客户提供海量、安全、高可靠、低成本的数据存储能力。

OBS系统和单个OBS桶都没有总数据容量和对象(文件)数量的限制，为用户提供了超大存储容量的能力，适合存放任意类型的文件，适合普通用户、网站、企业和开发者使用。OBS是一项面向Internet访问的服务，提供了基于HTTP/HTTPS的Web服务接口，用户可以随时随地连接到Internet的计算机上，通过OBS管理控制台或各种OBS工具可以访问和管理存储在OBS中的数据。此外，OBS支持软件开发工具包(Software Development Kit,SDK)和OBS API，可使用户方便管理自己存储在OBS上的数据，以及开发多种类型的上层业务应用。

华为云在全球多个区域部署了OBS基础设施，其具备高度的可扩展性和可靠性，用户可根据自身需要指定区域使用OBS，由此获得更快的访问速度和实惠的服务价格。

2.3.2　对象存储服务产品架构

OBS的基本组成是桶(Bucket)和对象(Object)，如图2-8所示为OBS产品架构。

桶是OBS中存储对象的容器，每个桶都有自己的存储类别、访问权限、所属区域等属性，用户在互联网上通过桶的访问域名来定位桶。

对象是OBS中数据存储的基本单位，一个对象实际是一个文件的数据与其相关属性信息的集合体，包括Key、Metadata、Data这3个部分。

(1)Key。键值即对象的名称，为经过UTF-8编码的、长度大于0且不超过1 024的字符序列。一个桶里的每个对象必须拥有唯一的对象键值。

(2)Metadata。元数据即对象的描述信息，包括系统元数据和用户元数据，这些元数据以键值对(Key-Value)的形式被上传到OBS中。系统元数据由OBS自动产生，在处理对象数据时使用，包括Date、Content-length、Last-modify、ETag等。用户元数据由用户在上传对象时指定，是用户自定义的对象描述信息。

(3)Data。数据即文件的数据内容。

华为云针对OBS提供的REST API进行了二次开发，为用户提供了控制台、SDK和各类工具，方便用户在不同的场景下轻松访问OBS桶以及桶中的对象。当然也可以利用OBS提供的SDK和OBS API，根据用户业务的实际情况自行开发，以满足不同场景的海量数据存储诉求。

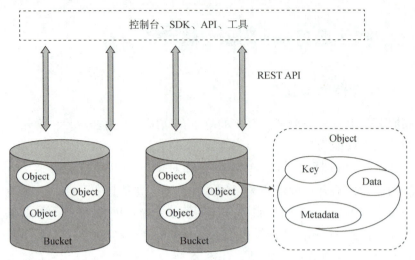

图 2-8　OBS 产品架构

2.3.3　对象存储服务产品优势

在信息时代，企业数据直线增长，自建存储服务器存在诸多劣势，已无法满足企业日益强烈的存储需求。表 2-5 向用户详细展示了 OBS 与自建存储服务器的对比。

表 2-5　OBS 与自建存储服务器的对比

对比项	OBS	自建存储服务器
数据存储量	提供海量的存储服务，在全球部署着 N 个数据中心，所有业务、存储节点采用分布式集群方式部署，各节点、集群都可以独立扩容，用户永远不必担心存储容量不够	数据存储量受限于搭建存储服务器时使用的硬件设备，存储量不够时，需要重新购买存储硬盘，进行人工扩容
安全性	(1) 支持 HTTPS/SSL 安全协议，支持数据加密上传。同时 OBS 通过访问密钥（AK/SK）对访问用户的身份进行鉴权，结合 IAM 权限、桶策略、ACL、防盗链等多种方式和技术确保数据传输与访问的安全 (2) 支持敏感操作保护，针对删除桶等敏感操作，可开启身份验证	需自行承担网络信息安全、技术漏洞、误操作等各方面的数据安全风险
可靠性	通过 5 级可靠性架构，保障数据持久性高达 99.999 999 999 9%，业务连续性高达 99.995%，远高于传统架构	一般的企业自建存储服务器时不会投入巨额的成本来同时保证介质、服务器、机柜、数据中心、区域级别的可靠性，一旦出现故障或灾难，很容易导致数据出现不可逆的丢失，给企业造成严重损失
成本	(1) 即开即用，免去了自建存储服务器前期的资金、时间以及人力成本的投入，后期设备的维护交由 OBS 处理 (2) 按使用量付费，用多少算多少。阶梯价格，用得越多越实惠	前期安装难、设备成本高、初始投资大、自建周期长、后期运维成本高，无法匹配快速变更的企业业务，安全保障的费用还需额外考虑

OBS 的优势如下。

（1）数据稳定，业务可靠。OBS 支持华为手机云相册，数亿用户访问，稳定可靠。通过跨区域复制、可用区之间数据容灾、可用区内设备和数据冗余、存储介质的慢盘（坏道）检测等技术方案，可以保障数据持久性高达 99.999 999 999 9%，业务连续性高达 99.995%，远高于传统架构。

（2）多重防护，授权管理。OBS 通过可信云认证，让数据安全放心，支持多版本控制、敏感操作保护、服务端加密、防盗链、VPC 网络隔离、访问日志审计以及细粒度的权限控制，保障数据安全可信。

（3）千亿对象，千万并发。OBS 通过智能调度和响应，优化数据访问路径，并结合事件通知、传输加速、大数据垂直优化等，为各场景下用户的千亿对象提供千万级并发、超高带宽、稳定低时延的数据访问体验。

（4）简单易用，便于管理。OBS 支持标准 REST API、多版本 SDK 和数据迁移工具，让业务快速上云。客户无须事先规划存储容量，存储资源和性能可线性无限扩展，不用担心存储资源扩容、缩容问题。OBS 支持在线升级、在线扩容，升级、扩容由华为云实施，客户无感知，同时提供全新的可移植操作系统接口（Portable Operating System Interface, POSIX），应用接入更简便。

（5）数据分层，按需使用。OBS 提供按量计费和包年包月等支付方式，支持标准、低频访问、归档数据、深度归档数据独立计量计费，降低存储成本。

2.3.4　对象存储服务的应用场景

OBS 提供了 4 种存储类别：标准存储、低频访问存储、归档存储、深度归档存储（受限公测中），从而满足客户业务对存储性能、成本的不同诉求，具体如表 2-6 所示。

表 2-6　OBS 存储类别对比

对比项目	标准存储	低频访问存储	归档存储	深度归档存储（受限公测）
特点	高性能、高可靠、高可用的 OBS	高可靠、较低成本的实时访问存储服务	归档数据的长期存储，存储单价更优惠	深度归档数据的长期存储，存储单价相比归档存储更优惠
应用场景	云应用、数据分享、内容分享、热点对象	网盘应用、企业备份、活跃归档、监控数据	档案数据、医疗影像、视频素材、带库替代	长期不访问的数据存档场景
设计持久性	100.00%	100.00%	100.00%	100.00%

标准存储访问时延低、吞吐量高，因而适用于有大量热点文件（平均一个月多次）或小文件（小于 1MB），且需要频繁访问数据的业务场景，如大数据、移动应用、热点视频、社交图片等。

低频访问存储适用于不频繁访问（平均一年少于 12 次），但在需要时也要求快速访问数据的业务场景，如文件同步或共享、企业备份等。与标准存储相比，低频访问存储有相同的数据持久性、吞吐量以及访问时延，且成本较低，但可用性略低于标准存储。

归档存储适用于很少访问(平均一年访问一次)数据的业务场景,如数据归档、长期备份等。归档存储安全、持久且成本极低,可以用来替代磁带库。为了保持成本低廉,数据取回时间长达数分钟到数小时不等。

深度归档存储(受限公测)适用于长期不访问(平均几年访问一次)数据的业务场景,其成本相比归档存储更低,但相应的数据取回时间将更长,一般为数小时。上传对象时,对象的存储类别默认继承桶的存储类别。也可以重新指定对象的存储类别。修改桶的存储类别时,桶内已有对象的存储类别不会被修改,新上传对象时的默认对象存储类别将随之修改。

根据 OBS 上述的存储类别描述,其适用于多种业务场景,具体如下。

1. 大数据分析

OBS 提供的大数据解决方案主要面向海量数据存储分析、历史数据明细查询、海量行为日志分析和公共事务分析统计等场景,向用户提供低成本、高性能、不断业务、无须扩容的解决方案,如图 2-9 所示。

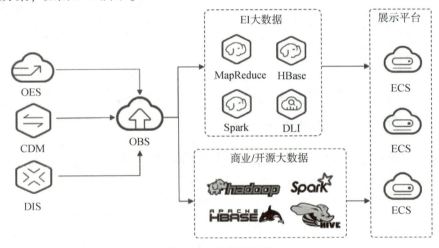

图 2-9 大数据分析

海量数据存储分析的典型场景包括 PB 级的数据存储、批量数据分析、毫秒级的数据详单查询等。

历史数据明细查询的典型场景包括流水审计、设备历史能耗分析、轨迹回放、车辆驾驶行为分析、精细化监控等。

海量行为日志分析的典型场景包括学习习惯分析、运营日志分析、系统操作日志分析查询等。

公共事务分析统计的典型场景包括犯罪追踪、关联案件查询、交通拥堵分析、景点热度统计等用户通过 DES 等迁移服务将海量数据迁移至 OBS,再基于华为云提供的 MapReduce 等大数据服务或开源的 Hadoop、Spark 等运算框架,对存储在 OBS 上的海量数据进行大数据分析,最终将分析的结果呈现在 ECS 中的各类程序或应用上。

建议搭配 MapReduce Service(MRS)、ECS、DES 等服务。

2. 静态网站托管

OBS 提供低成本、高可用、可根据流量需求自动扩展的网站托管解决方案,结合内容分发网络(Content Delivery Network，CDN)和 ECS 快速构建动静态分离的网站或应用系统。

终端用户浏览器和 APP 上的动态数据直接与搭建在华为云上的业务系统进行交互，动态数据请求发往业务系统处理后直接返回给用户。静态数据保存在 OBS 中，业务系统通过内网对静态数据进行处理，终端用户通过就近高速节点，直接向 OBS 请求和读取静态数据，如图 2-10 所示。

建议搭配 CDN、ECS 等服务。

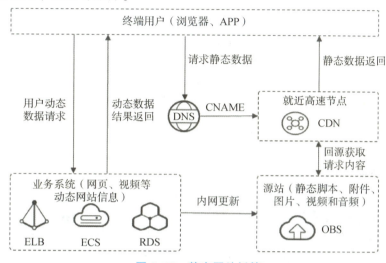

图 2-10　静态网站托管

3. 在线视频点播

OBS 提供高并发、高可靠、低时延、低成本的海量存储系统，结合媒体处理、内容审核和 CDN 可快速搭建极速、安全、高可用的视频在线点播平台。

OBS 作为视频点播的源站，一般的互联网用户或专业的创作主体将各类视频文件上传至 OBS 后，通过内容审核对视频内容进行审核，并通过媒体处理对视频源文件进行转码，最终通过 CDN 回源加速之后便可以在各类终端上进行点播，如图 2-11 所示。

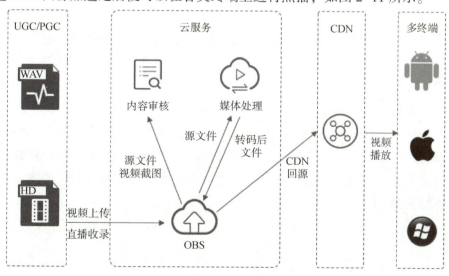

图 2-11　在线视频点播

建议搭配 CDN、媒体处理、内容审核等服务。

4. 基因测序

OBS 提供高并发、高可靠、低时延、低成本的海量存储系统，结合华为云计算服务可快速搭建高扩展性、低成本、高可用的基因测序平台。

客户数据中心测序仪上的数据通过云专线自动快速上传到华为云，通过由 ECS、云容器引擎（Cloud Container Engine，CCE）、MRS 等服务搭建的计算集群进行分析计算，分析计算产生的数据和计算结果存储到 OBS 中，其中上传到华为云的基因数据自动转为低成本的归档对象保存在 OBS 提供的归档存储中，计算得出的测序结果通过公网在线分发到医院和科研机构，如图 2-12 所示。

建议搭配 ECS、BMS、MRS、CCE、云专线等服务。

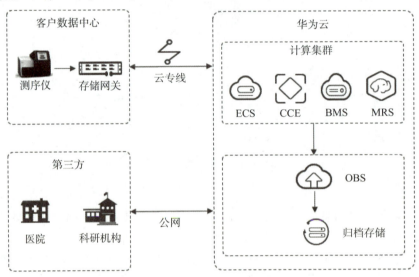

图 2-12　基因测序

5. 智能视频监控

OBS 为视频监控解决方案提供高性能、高可靠、低时延、低成本的海量存储空间，满足个人和企业等各类视频监控场景需求，提供设备管理、视频监控以及视频处理等多种能力的端到端解决方案。

摄像头拍摄的监控视频通过公网或专线传输至华为云，在由 ECS 和弹性负载均衡（Elastic Load Balance，ELB）组成的视频监控处理平台将视频流切片后存入 OBS，后续再从 OBS 下载历史视频对象传输到观看视频的终端设备。存放在 OBS 中的视频文件还可以利用跨区域复制等功能进行备份，提升数据存储的安全性和可靠性，如图 2-13 所示。

建议搭配 ELB、ECS 等服务。

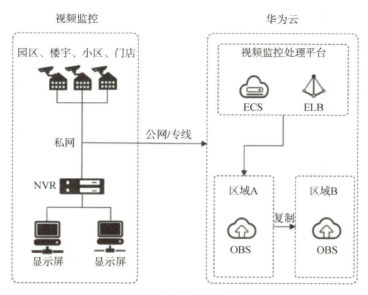

图 2-13 智能视频监控

6. 备份归档

OBS 提供高并发、高可靠、低时延、低成本的海量存储系统，满足各种企业应用、数据库和非结构化数据的备份归档需求。

企业数据中心的各类数据通过使用同步客户端(如 OBS Browser+、obsutil)、主流备份软件、云存储网关或 DES，备份至华为云 OBS。OBS 提供生命周期功能实现对象存储类别自动转换，以降低存储成本。在需要时，可将 OBS 中的数据恢复到云上的灾备主机或测试主机，如图 2-14 所示。

建议搭配 DES、ECS 等服务。

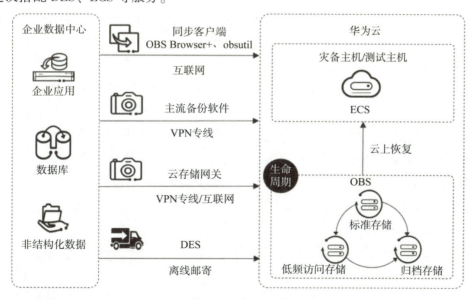

图 2-14 备份归档

7. 高性能计算

OBS 配合 ECS、弹性伸缩、云硬盘、IMS、IAM 和 CES，为高性能计算提供大容量、大单流带宽、安全可靠的解决方案。

在高性能计算场景下，企业用户的数据可以通过直接上传或数据快递的方式上传到 OBS。同时 OBS 提供的文件语义和 HDFS 语义支持将其直接挂载到高性能计算 flavors 的节点以及大数据分析和 AI 分析的应用下，为高性能计算各个环节提供便捷高效的数据读写和存储能力，如图 2-15 所示。

建议搭配 DES、ECS、AS、IMS、CES、IAM 等服务。

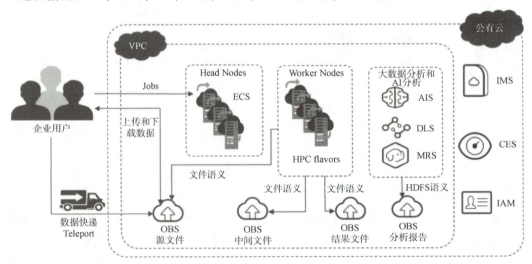

图 2-15　高性能计算

8. 企业云盘(网盘)

OBS 配合 ECS、ELB、关系数据库服务(Relational Database Service，RDS)和云备份服务(Volume Backup Service，VBS)为企业云盘提供高并发、高可靠、低时延、低成本的存储系统，存储容量可随用户数据量的提高而自动扩容。

用户手机、计算机、PAD 等终端设备上的动态数据与搭建在华为云上的企业云盘业务系统进行交互，动态数据请求发送到企业云盘业务系统处理后直接返回给终端设备。静态数据保存在 OBS 中，企业云盘业务系统通过内网对静态数据进行处理，用户终端直接向 OBS 请求和取回静态数据，如图 2-16 所示。同时，OBS 提供生命周期功能，实现不同对象存储类别之间的自动转换，以节省存储成本。

建议搭配 ECS、ELB、RDS、VBS 等服务。

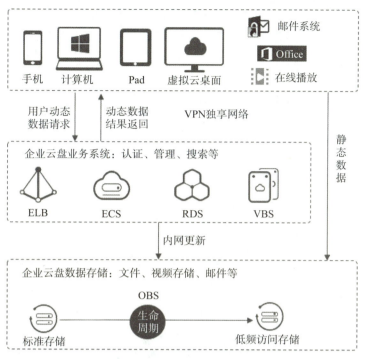

图 2-16 企业云盘 (网盘)

2.3.5 对象存储服务器与其他云服务的关系

OBS 与其他云服务的关系如图 2-17 和表 2-7 所示。

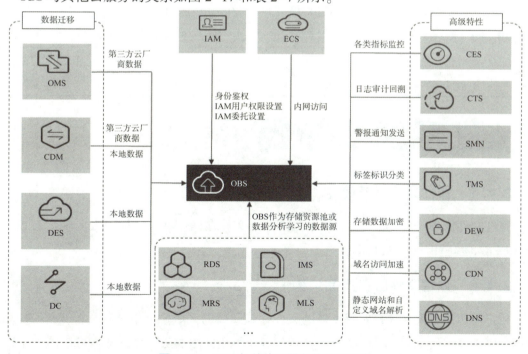

图 2-17 OBS 与其他云服务的关系示意

表 2-7　OBS 与其他云服务的关系

相关服务	交互功能
对象存储迁移服务（Object Storage Migration Service，OMS）	通过相关服务将数据迁移到 OBS
云数据迁移（Cloud Data Migration，CDM）	
数据快递服务（DES）	
云专线（DC）	
弹性云服务器（ECS）	在 ECS 上实现通过华为云内网访问 OBS
统一身份认证（IAM）	通过 IAM 实现以下功能：用户身份鉴权、IAM 用户权限设置、IAM 委托设置
云监控服务（CES）	通过 CES 监控桶的上传流量、下载流量、GET 类请求次数、PUT 类请求次数、GET 类请求首字节平均时延、4×× 异常次数和 5×× 异常次数
云审计服务（CTS）	通过 CTS 收集 OBS 资源操作记录，便于日后的查询、审计和回溯
消息通知服务（SMN）	通过事件通知发送警报或触发工作流，并通过 SMN 发送通知
标签管理服务（TMS）	标签用于标识 OBS 桶，以实现对 OBS 桶进行分类
数据加密服务（DEW）	通过 KMS 对上传到 OBS 中的文件进行加密
内容分发网络（CDN）	通过 CDN 服务为 OBS 桶绑定的自定义域名加速
云解析服务（Domain Name Service，DNS）	通过 DNS 为托管在 OBS 上的静态网站和 OBS 桶绑定的自定义域名做域名解析

2.4　存储类云服务——弹性文件服务

2.4.1　弹性文件服务简介

弹性文件服务（SFS）提供按需扩展的高性能文件存储（NAS），可为云上多个 ECS、容器（CCE&CCI）、BMS 提供共享访问。

2.4.2　弹性文件服务产品架构

用户可以通过配置项指定待创建的文件存储归属的区域、可用区以及 VPC。SFS 产品架构如图 2-18 所示，归属于同一个 VPC 的各个可用区内的云文件服务器可以跨可用区访问已申请的文件存储。如果用户的业务对时延有极高要求，则业务应避免跨可用区内访问文件存储。

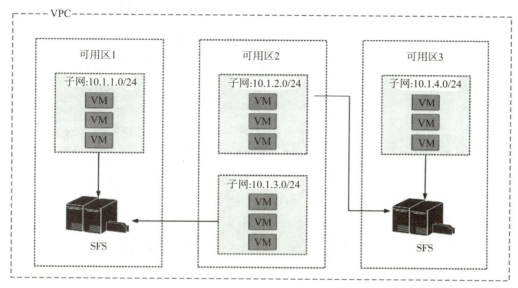

图 2-18 SFS 产品架构

2.4.3 弹性文件服务产品优势

与传统的文件共享存储相比，SFS 具有以下优势。

（1）文件共享。同一区域跨多个可用区的云服务器可以访问同一文件系统，实现多台云服务器共同访问和分享文件。

（2）弹性扩展。SFS 可以根据使用需求，在不中断应用的情况下，增加或缩减文件系统的容量，可进行一键式操作，轻松完成容量定制。

（3）高性能、高可靠性。SFS 的性能随容量增加而提升，同时保障数据的高持久度，满足业务增长需求。

（4）无缝集成。SFS 同时支持网络文件系统（Network File System，NFS）和通用网络文件系统（Common Internet File System，CIFS）协议，通过标准协议访问数据，无缝适配主流应用程序进行数据读写，同时兼容 SMB2.0/2.1/3.0 版本，Windows 客户端可轻松访问共享空间。

（5）操作简单、低成本。操作界面简单易用，可轻松、快捷地创建和管理文件系统。

2.4.4 弹性文件服务的应用场景

SFS 分为 SFS 容量型文件系统和 SFS Turbo 文件系统两种。

1. SFS 容量型文件系统

SFS 容量型文件系统为用户提供一个完全托管的共享文件存储，能够弹性伸缩至 PB 规模，具备高可用性和持久性，为海量数据、高带宽型应用提供有力支持。其适用于多种应用场景，包括高性能计算、媒体处理、内容管理和 Web 服务、大数据和分析应用程序等。

（1）高性能计算。

在仿真实验、生物制药、基因测序、图像处理、科学研究、气象预报等涉及高性能计算解决大型计算问题的行业，SFS 容量型文件系统为其计算能力、存储效率、网络带宽及时延提供重要保障。

（2）媒体处理。

电视台和新媒体业务越来越多地被考虑部署在云平台上，其业务包含流媒体、归档、编辑、转码、内容分发、视频点播等。在此类场景中，众多工作站会参与到整个节目的制作流程中，使用不同的操作系统，需要基于文件系统共享素材。与此同时，HD/4K 已经成为广电媒体行业中重要的趋势之一。以视频编辑为例，为提高观众的视听体验，高清编辑正在向 30~40 层编辑转型，单个编辑客户端要求文件系统能够提供高达数百兆的带宽。一部节目的制作往往需要使用多个编辑客户端基于大量视频素材并行作业。这需要 SFS 能够具备稳定的高带宽、低时延的性能表现。

（3）内容管理和 Web 服务。

SFS 容量型文件系统可用于各种内容管理系统，为网站、主目录、在线发行、存档等各种应用提供共享文件存储。

（4）大数据和分析应用程序。

SFS 容量型文件系统能够提供最高 10 Gbit/s 的聚合带宽，可及时处理诸如卫星影像等超大数据文件。同时其具备高可靠性，避免因系统失效影响业务的连续性。

2. SFS Turbo 文件系统

SFS Turbo 文件系统为用户提供一个完全托管的共享文件存储，能够弹性伸缩至 320 TB 规模，具备高可用性和持久性，为海量的小文件，低时延、高 IOPS 型应用提供有力支持。其适用于多种应用场景，包括高性能网站、日志存储、DevOps、企业办公等。

（1）高性能网站。

对于 I/O 密集型的网站业务，SFS Turbo 文件系统为多个 Web Server 提供共享的网站源代码目录，提供低时延、高 IOPS 的并发共享访问能力。

（2）日志存储。

SFS Turbo 文件系统为多个业务节点提供共享的日志输出目录，方便分布式应用的日志收集和管理。

（3）DevOps。

SFS Turbo 文件系统通过将开发目录共享到多个虚拟机（Virtual Machine，VM）或容器，简化配置过程，提升研发体验。

（4）企业办公。

SFS Turbo 文件系统用于存放企业或组织的办公文档，提供高性能的共享访问能力。

2.4.5 弹性文件服务与其他云服务的关系

SFS 与其他云服务的关系如图 2-19 和表 2-8 所示。

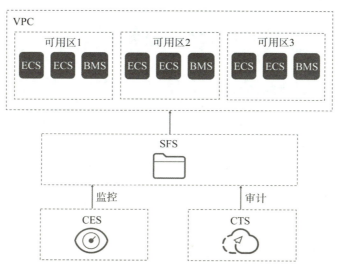

图 2-19　SFS 与其他云服务的关系示意

表 2-8　SFS 与其他云服务的关系

相关服务	交互功能
弹性云服务器（ECS）	云服务器和文件系统归属于同一项目下，用于挂载共享路径实现数据共享
虚拟私有云（VPC）	VPC 为 ECS 构建隔离的、用户自主配置和管理的虚拟网络环境，提升用户云中资源的安全性，简化用户的网络部署
	云服务器无法访问不在同一 VPC 下的文件系统，使用 SFS 时，需将文件系统和云服务器归属于同一 VPC 下
统一身份认证（IAM）	IAM 是支撑企业级自助的云端资源管理系统，具有用户身份管理和访问控制的功能。当企业存在多用户访问 SFS 时，可以使用 IAM 新建用户，以及控制这些用户账号对企业名下资源具有的操作权限
数据加密服务（DEW）的密钥管理服务（KMS）	文件系统的加密功能依赖于 KMS。可以使用 KMS 提供的密钥来加密文件系统，从而提升文件系统中数据的安全性
云监控服务（CES）	当用户开通了 SFS 后，无须额外安装其他插件，即可通过 CES 查看对应服务的性能指标，包括读带宽、写带宽和读写带宽等
云审计服务（CTS）	为用户提供对各种云资源操作记录的收集、存储和查询功能，可用于支撑安全分析、合规审计、资源跟踪和问题定位等常见应用场景。通过 CTS，可以记录与 SFS 相关的操作事件，便于日后的查询、审计和回溯

2.5　计算类云服务——弹性云服务器

2.5.1　弹性云服务器简介

弹性云服务器(ECS)是由 CPU、内存、操作系统、EVS 组成的基础的计算组件。一旦创建成功，用户就可以像使用自己的本地 PC 或物理机一样，在云上使用 ECS。

ECS 的开通是自助完成的，用户只需要指定 CPU、内存、操作系统、规格、登录鉴权方式即可，也可以根据需求随时调整其规格，打造可靠、安全、灵活、高效的计算环境。

2.5.2　产品优势

ECS 的规格丰富，具备安全防护功能，还可以和其他服务结合使用以满足不同业务类型。ECS 的优势如下。

(1)丰富的规格类型。ECS 具有多种类型，可满足不同的使用场景，每种 ECS 包含多种规格，同时支持规格的变更。

(2)丰富的镜像类型。可以灵活、便捷地使用公共镜像、私有镜像或共享镜像申请 ECS。

(3)丰富的磁盘种类。提供普通 I/O(上一代产品)、高 I/O、通用型 SSD、超高 I/O、极速型 SSD 性能的硬盘，满足不同业务场景需求。

(4)灵活的计费模式。支持包年/包月、按需计费以及竞价计费等模式购买 ECS，满足不同应用场景，根据业务波动随时购买和释放资源。

(5)数据可靠。基于分布式架构的、可弹性扩展的虚拟块存储服务；具有高数据可靠性，高 I/O 吞吐能力。

(6)安全防护。支持网络隔离，安全组规则保护，远离病毒攻击和木马威胁；Anti-DDoS 流量清洗、Web 应用防火墙、漏洞扫描等多种安全服务提供多维度防护。

(7)弹性易用。根据业务需求和策略，自动调整弹性计算资源，高效匹配业务要求。

(8)高效运维。提供控制台、远程终端和 API 等多种管理方式，赋予用户完全管理权限。

(9)云端监控。实时采样监控指标，提供及时有效的资源信息监控告警，通知随时触发随时响应。

(10)负载均衡。ELB 将访问流量自动分发到多台云服务器，扩展应用系统对外的服务能力，实现更高水平的应用程序容错性能。

2.5.3　弹性云服务器的产品架构

通过和其他产品、服务组合，ECS 可以实现计算、存储、网络、镜像安装等功能，如图 2-20 所示。

ECS 在不同可用区中部署(可用区之间通过内网连接)，部分可用区发生故障后不会影响同一区域内的其他可用区。

可以通过、VPC 建立专属的网络环境，设置子网、安全组，并通过弹性公网 IP 实现外网链接(需带宽支持)。

通过镜像服务，可以对 ECS 安装镜像，也可以通过私有镜像批量创建 ECS，实现快速的业务部署。

通过 EVS 实现数据的存储，并通过 CBR 实现数据的备份和恢复。

云监控是保持 ECS 的可靠性、可用性的重要部分，通过云监控，用户可以观察 ECS 资源。

CBR 提供对 EVS 和 ECS 的备份保护服务，支持基于快照技术的备份服务，并支持利用备份数据恢复服务器和磁盘的数据。

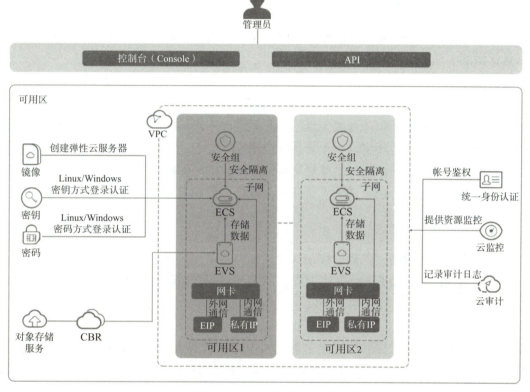

图 2-20　ECS 的产品架构

2.5.4　弹性云服务器的常用管理

1. 生命周期管理

生命周期是指 ECS 从创建到删除(或释放)历经的各种状态。ECS 的生命周期管理包括启动、关闭、重启、删除。

2. 配置变更

当 ECS 的规格无法满足业务需要时，可变更规格，升级 vCPU、内存。

3. 重装/切换操作系统

重装：ECS 操作系统无法正常启动，或者系统运行正常，但需要对系统进行优化，使其在最优状态下工作时，可以重装操作系统。

切换：ECS 当前使用的操作系统不能满足业务需求(例如软件要求的操作系统版本较高)时，可以切换操作系统。

4. 一键式重置密码

一键式重置密码的使用场景：ECS 的密码丢失、密码过期。一键式重置密码的前提条件是 ECS 已提前安装一键式重置密码插件。

5. 备份云服务器

为最大限度保障用户数据的安全性和正确性，确保业务安全，用户可以为 ECS 创建整机备份，利用多个 EVS 一致性备份数据以恢复服务器的业务数据。

2.5.5 弹性云服务器的应用场景

ECS 是云上搭建业务最常用的服务，因其规格丰富、优势众多，故可应用于多种场景中，具体如下。

1. 网站应用

ECS 可应用于对 CPU、内存、硬盘空间和带宽无特殊要求，对安全性、可靠性要求高，服务一般只需要部署在一台或少量的服务器上，一次投入成本少，后期维护成本低的场景。例如网站开发测试环境、小型数据库应用。

推荐使用通用型 ECS，其主要提供均衡的计算、内存和网络资源，适用于业务负载压力适中的应用场景，满足企业或个人普通业务搬迁上云需求。

2. 企业电商

ECS 可应用于对内存要求高、数据量和数据访问量大、要求快速的数据交换和处理的场景。例如广告精准营销、电商、移动 APP。

推荐使用内存优化型 ECS，其主要提供高内存实例，同时可以配置超高 I/O 的 EVS 和合适的带宽。

3. 图形渲染

ECS 可应用于对图像视频质量要求高、大内存，具有大量数据处理和 I/O 并发能力，可以完成快速的数据处理交换以及大量的 GPU 计算能力的场景。例如图形渲染、工程制图。

推荐使用 GPU 图形加速型 ECS，G1 型 ECS 基于 NVIDIA Tesla M60 硬件虚拟化技术，提供较为经济的图形加速能力，能够支持 DirectX、OpenGL，可以提供最大显存 1 GB、分辨率为 4 096×2 160 的图形图像处理能力。

4. 数据分析

ECS 可应用于处理大容量数据，需要高 I/O 能力和快速的数据交换处理能力的场景。例如 MapReduce、Hadoop 计算密集型。

推荐使用磁盘增强型 ECS，其主要适用于需要对本地存储上的极大型数据集进行高性能顺序读写访问的工作负载，如 Hadoop 分布式计算，大规模的并行数据处理和日志处理应用。其主要的数据存储是基于机械硬盘(Hard Disk Drive，HDD)的存储实例，默认配置最高 10GE 网络能力，提供较高的数据仓/每秒(Pulse Per Second，PPS)性能和网络低时延，最大可支持 24 个本地磁盘、48 个 vCPU 和 384 GB 内存。

5. 高性能计算

ECS 可应用于高计算能力、高吞吐量的场景，如科学计算、基因工程、游戏动画、生物制药计算和存储系统。

推荐使用高性能计算型 ECS，其主要应用在受计算限制的高性能处理器的应用程序上，适合要求提供海量并行计算资源、高性能的基础设施服务，需要达到高性能计算和海量存储，对渲染的效率有一定保障的场景。

2.5.6　弹性云服务器与其他云服务的关系

ECS 与其他云服务的关系如图 2-21 和表 2-9 所示。

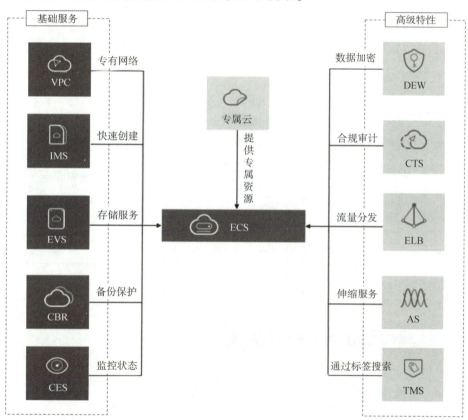

图 2-21　ECS 与其他云服务的关系

表 2-9　ECS 与其他云服务的关系

相关服务	交互功能
弹性伸缩（AS）	弹性伸缩支持自动调整 ECS 资源，可按照用户定义的伸缩配置和伸缩策略对 ECS 进行伸缩，节约资源和人力运维成本
弹性负载均衡（ELB）	将访问流量自动分发到多台 ECS 上，提高应用系统对外的服务能力，提高应用程序容错能力

相关服务	交互功能
云硬盘(EVS)	可以将 EVS 挂载到 ECS 上,并可以随时扩容 EVS 的容量
虚拟私有云(VPC)	为 ECS 提供一个逻辑上完全隔离的专有网络,可以在 VPC 中定义安全组、VPN、IP 地址段、带宽等网络特性。可以通过 VPC 方便地管理、配置内部网络,进行安全、快捷的网络变更。同时,用户可以自定义安全组内与组间 ECS 的访问规则,加强 ECS 的安全保护
镜像服务(IMS)	可以通过镜像创建 ECS,提高 ECS 的部署效率。还可以通过已有的 ECS 创建私有镜像导出 ECS 的系统盘或数据盘
专属计算集群 (Dedicated Computing Cluster,DCC)	如果用户希望从物理上隔离 ECS,那么需要先申请专属计算集群。申请专属计算集群且将区域设置为所申请的专属计算集群时,ECS 自动创建在用户的专属计算集群中
云监控服务(CES)	当用户开通了 ECS 后,无须额外安装其他插件,即可通过 CES 查看对应服务的实例状态
数据加密服务(DEW)	加密功能依赖于 DEW。可以在创建 ECS 时,使用加密镜像或加密 EVS,此时需要使用 DEW 提供的密钥,从而提升数据的安全性
云审计服务(CTS)	记录与 ECS 相关的操作事件,便于日后的查询、审计和回溯
云备份(CBR)	提供对 EVS、ECS 的备份保护服务
标签管理服务(TMS)	使用标签来标识 ECS,便于分类和搜索

2.6 计算类云服务——镜像服务

2.6.1 镜像服务简介

镜像是一个包含了软件及必要配置的服务器或磁盘模版,包含操作系统或业务数据,还可以包含应用软件(如数据库软件)和私有软件。

镜像服务(IMS)提供镜像的生命周期管理能力。用户可以灵活地使用公共镜像、私有镜像或共享镜像申请 ECS 和 BMS,还能通过已有的云服务器或使用外部镜像文件创建私有镜像,实现业务上云或云上迁移。

2.6.2 镜像的类型

镜像分为公共镜像、私有镜像、共享镜像、市场镜像。公共镜像为系统默认提供的镜像,私有镜像为用户自己创建的镜像,共享镜像为其他用户共享的私有镜像,如图 2-22

和表2-10所示。

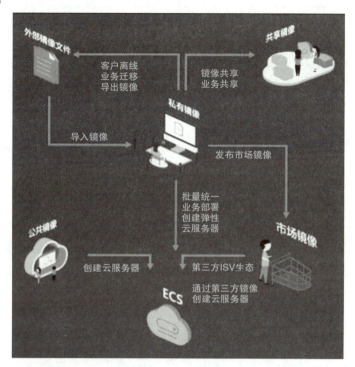

图 2-22 镜像的类型

表 2-10 镜像的类型

镜像的类型	说明
公共镜像	常见的标准操作系统镜像，所有用户可见，包括操作系统以及预装的公共应用。公共镜像具有高度稳定性，皆为正版授权，可以根据实际需求自助配置应用环境或相关软件。官方公共镜像支持的操作系统类型包括：CentOS、Debian、openSUSE、Fedora、Ubuntu、EulerOS、CoreOS
私有镜像	包含操作系统或业务数据、预装的公共应用以及用户的私有应用的镜像，仅用户个人可见。私有镜像包括系统盘镜像、数据盘镜像和整机镜像。 (1)系统盘镜像：包含用户运行业务所需的操作系统、应用软件的镜像，可以用于创建云服务器，迁移用户业务到云。 (2)数据盘镜像：只包含用户业务数据的镜像，可以用于创建EVS，将用户的业务数据迁移到云上。 (3)整机镜像：也称全镜像，包含用户运行业务所需的操作系统、应用软件和业务数据的镜像。整机镜像基于差量备份制作，相比同样磁盘容量的系统盘镜像和数据盘镜像，创建效率更高
共享镜像	由其他用户共享而来的私有镜像

续表

镜像的类型	说明
市场镜像	提供预装操作系统、应用环境和各类软件的优质第三方镜像，无须配置，可一键部署，满足建站、应用开发、可视化管理等个性化需求。市场镜像通常由具有丰富云服务器维护和配置经验的服务商提供，并且经过华为云的严格测试和审核，可保证镜像的安全性

2.6.3 镜像服务的产品优势

镜像服务提供镜像的全生命周期管理能力，具有便捷、安全、灵活、统一的优势。镜像部署相比手工部署，在部署时长、复杂度、安全性等方面均可胜出。

（1）便捷。使用公共镜像、市场镜像，或者自建的私有镜像均可批量创建云服务器，降低部署难度。支持通过多种方法（如 ECS、MBS、外部镜像文件）创建私有镜像；私有镜像类型可覆盖系统盘、数据盘和整机镜像，满足多样化部署需求。通过镜像服务提供的共享、复制、导出等功能，可以轻松实现私有镜像在不同账号、不同区域，甚至不同云平台之间的迁移。

（2）安全。公共镜像覆盖华为自研的 EulerOS，以及 WindowsServer、Ubuntu、CentOS 等多款主流操作系统，皆以正版授权，均经过严格测试，能够保证镜像安全、稳定。镜像后端对应的镜像文件使用华为云 OBS 进行多份冗余存储，具有高数据可靠性和持久性。可以使用 KMS 提供的信封加密方式对私有镜像进行加密，确保数据的安全。

（3）灵活。通过管理控制台或 API 方式均能完成镜像的生命周期管理，用户可以按照需求灵活选择。可以使用公共镜像部署基本的云服务器运行环境，也可以使用自建的私有镜像或依据成熟的市场镜像方案搭建个性化应用环境。无论是服务器上云、服务器运行环境备份，还是云上迁移，镜像服务都能满足需求。

（4）统一。镜像服务提供统一的镜像自助管理平台，降低维护的复杂度。通过镜像，可以实现应用系统的统一部署与升级，提高运维效率，保证应用环境的一致性。公共镜像遵守业界统一规范，除了预装了初始化组件，内核能力均由第三方厂商提供，便于镜像在不同云平台之间迁移。

2.6.4 创建私有镜像

私有镜像可以通过多种方法来创建，具体方法类型有：通过云服务器创建 Windows 系统盘镜像；通过云服务器创建 Linux 系统盘镜像；通过外部镜像文件创建 Windows 系统盘镜像；通过外部镜像文件创建 Linux 系统盘镜像；通过云服务器的数据盘创建数据盘镜像；通过外部镜像文件创建数据盘镜像；通过云服务器创建整机镜像；通过 CBR 创建整机镜像；通过 ISO 文件创建 Windows 系统盘镜像；通过 ISO 文件创建 Linux 系统盘镜像。

2.6.5 镜像服务与其他云服务的关系

镜像服务与其他云服务的关系如图 2-23 和表 2-11 所示。

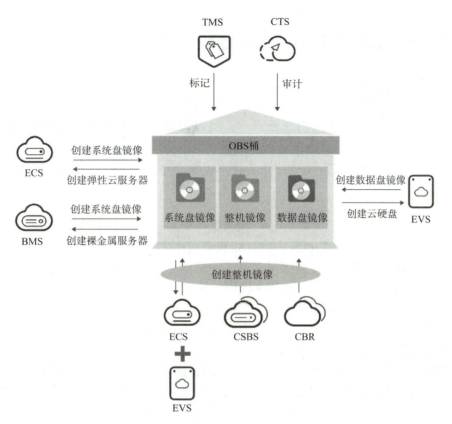

图2-23 镜像服务与其他云服务的关系

表2-11 镜像服务与其他云服务的关系

相关服务	交互功能
弹性云服务器（ECS）	通过镜像创建 ECS，或者将 ECS 转换为镜像
裸金属服务器（BMS）	通过镜像创建 BMS，或者将 BMS 转换为镜像
对象存储服务（OBS）	镜像保存在对象存储中，上传外部镜像文件或导出私有镜像时均通过 OBS 桶来存储
数据加密服务（DEW）	可以使用 DEW 提供的信封加密方式对镜像进行加密，保证数据安全，加密镜像使用的密钥也保存在 DEW 中
云硬盘（EVS）	可以通过云服务器上挂载的数据盘创建数据盘镜像，数据盘镜像可用来创建新的云硬盘
云服务器备份 （Cloud Server Backup Service，CSBS）	使用已有的 CSBS 创建整机镜像
云备份（CBR）	使用已有的云备份创建整机镜像
标签管理服务（TMS）	使用标签来标识私有镜像，便于分类和搜索
云审计服务（CTS）	CTS 用来记录镜像服务相关的操作事件，方便用户日后的查询、审计和回溯

2.7 计算类云服务——弹性伸缩

2.7.1 弹性伸缩简介

弹性伸缩(AS)是根据用户的业务需求,通过设置伸缩规则来自动增加/缩减业务资源。当业务需求增长时,弹性伸缩自动增加 ECS 实例或带宽资源,以保证业务能力;当业务需求下降时,弹性伸缩自动缩减 ECS 实例或带宽资源,以节约成本。弹性伸缩支持自动调整 ECS 和带宽资源。

2.7.2 弹性伸缩产品架构

通过伸缩控制,可以实现 ECS 实例伸缩和带宽伸缩,如图 2-24 所示。

(1)伸缩控制:配置策略设置指标阈值、伸缩活动执行的时间,通过云监控监控指标是否达到阈值,通过定时调度实现伸缩控制。

(2)配置策略:可以根据业务需求,配置告警、定时、周期策略。

(3)配置告警策略:可配置 CPU、内存、磁盘、入网流量等监控指标。

(4)配置定时策略:通过配置触发时间,可以配置定时策略。

(5)配置周期策略:通过配置重复周期、触发时间、生效时间可以配置周期策略。

(6)云监控监控到所配置的告警策略中的某些监控指标达到告警阈值,从而触发伸缩活动,实现 ECS 实例的增加或减少,或带宽的增大或减小。

(7)到达所配置的触发时间时,触发伸缩活动,实现 ECS 实例的增加或减少,或带宽的增大或减小。

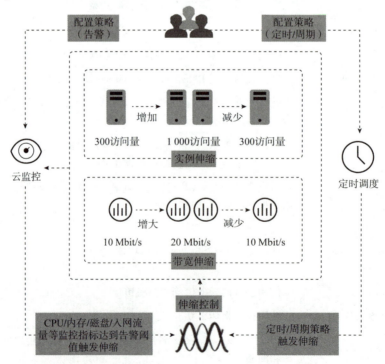

图 2-24　弹性伸缩产品架构

2.7.3 弹性伸缩产品的优势

弹性伸缩可根据用户的业务需求调整，具有自动调整资源、按需调整资源、再均衡、加强成本管理、提高可用性和容错能力等优势。

1. 自动调整资源

弹性伸缩能够实现应用系统自动按需调整资源，即在业务增长时能够实现自动增加实例数量和带宽大小，以满足业务需求，业务下降时能够实现应用系统自动缩容，保障业务平稳运行。

2. 按需调整资源

向应用系统中添加弹性伸缩，能够实现按需调整资源，即能够实现在业务增长时增加实例，业务下降时减少实例，这样加强了应用系统的成本管理。调整资源主要包括以下几种方式。

（1）动态调整资源：通过告警策略的触发来调整资源。

（2）计划调整资源：通过定时策略或周期策略的触发来调整资源。

（3）手工调整资源：通过修改期望实例数或手动移入、移出实例来调整资源。

（4）按需调整带宽资源：弹性伸缩能够实现按需调整带宽，即能够实现在业务增长时扩大带宽，业务下降时减小带宽，加强了应用系统的成本管理。

（5）按可用区均匀分配实例：将实例均匀地分布在不同的可用区中，来降低电力、网络等可能出现的故障对整个系统稳定性的影响。区域指 ECS 云主机所在的物理位置。每个区域包含许多不同的可用区，即在同一区域下，电力、网络隔离的物理区域，可用区之间内网互通，不同可用区之间物理隔离。每个可用区都被设计成不受其他可用区故障影响的模式，并提供低价、低时延的网络连接，以连接到同一地区其他可用区。伸缩组可以包含来自同一区域的一个或多个可用区的实例。在调整资源时，弹性伸缩会通过实例分配和再均衡两种方法将实例均匀分配到可用区中，如图 2-25 所示。

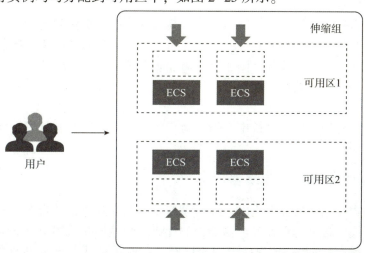

图 2-25 均匀实例分配

3. 再均衡

手工加入或移出实例后，伸缩组中的实例没有均匀分配在可用区时，后续进行的伸缩活动会优先在可用区内均匀分配实例。例如，伸缩组中目前有 3 个实例分布在两个可用区内，当该伸缩组的下一个伸缩活动增加 5 个实例时，会在有两个实例的可用区内增加两个实例，在有一个实例的可用区内增加 3 个实例，以实现可用区之间实例的均匀分配，如图 2-26 所示。

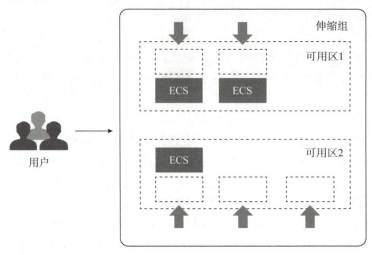

图 2-26　再均衡

4. 加强成本管理

弹性伸缩能够实现按需使用实例和带宽，并自动调整系统中的资源，节省了资源和人为调整资源带来的损耗，最大限度节约了成本。

5. 提高可用性

弹性伸缩可确保应用系统始终拥有合适的容量以满足当前流量需求。

当在使用弹性伸缩时，业务增长时应用系统自动扩容，业务下降时应用系统自动缩容，在伸缩组中添加和删除实例时，必须确保所有实例均可分配到应用程序的流量。弹性伸缩和负载均衡结合使用可以解决这个问题。

使用负载均衡后，伸缩组会自动地将加入其中的实例绑定负载均衡监听器。访问流量将通过负载均衡监听器自动分发到伸缩组内的所有实例，提高了应用系统的可用性。若伸缩组中的实例上部署了多个业务，则还可以添加多个负载均衡监听器到伸缩组，同时监听多个业务，从而提高业务的可扩展性。

6. 提高容错能力

弹性伸缩可以检测到应用系统中实例的运行状况，并启用新实例以替换运行状况不佳的实例。

2.7.4　弹性伸缩的应用场景

弹性伸缩可根据用户的业务需求，通过策略自动调整其业务的资源，具有自动调整资源、节约成本开支、提高可用性和容错能力的优势。弹性伸缩适用于以下场景。

（1）弹性伸缩可用来访问流量较大的论坛网站，业务负载变化难以预测，需要根据实时监控到的云服务器 CPU 使用率、内存使用率等指标对云服务器数量进行动态调整。

（2）弹性伸缩可用于电商网站，在进行大型促销活动时，需要定时增加云服务器的数量和带宽的大小，保证促销活动顺利进行。

（3）弹性伸缩可用于视频直播网站，例如网站每天 14：00—16：00 播出热门节目，那么每天都需要在该时段增加云服务器的数量，增大带宽的大小，保证业务的平稳运行。

2.7.5 弹性伸缩与其他云服务的关系

除直接使用弹性伸缩提供的对资源进行调整的功能外，若同时购买了云服务中的其他产品，则可以结合其他产品一起使用，这样能满足多种场景下对云产品的需求。

弹性伸缩与其他云服务的关系如图 2-27 和表 2-12 所示。

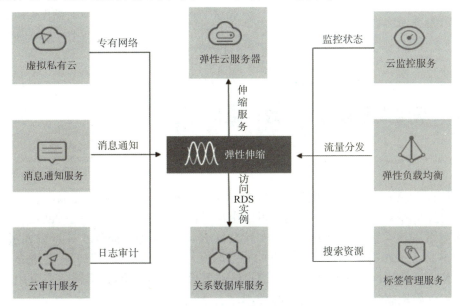

图 2-27 弹性伸缩与其他云服务的关系

表 2-12 弹性伸缩与其他云服务的关系

相关服务	说明	交互功能
弹性负载均衡（ELB）	当配置了负载均衡服务后，伸缩组在添加或移除云服务器时，自动会为云服务器绑定或解绑负载均衡监听器。 弹性伸缩支持 ELB 的前提：伸缩组和负载均衡器必须处于同一 VPC 内	使伸缩组中每一个实例均可分配到应用程序流量
云监控服务（CES）	弹性伸缩配置了告警触发策略时，会根据云监控的告警条件触发弹性伸缩活动	通过监控伸缩组内实例的状态指标调节资源
弹性云服务器（ECS）	弹性伸缩活动中添加的云服务器可以通过 ECS 进行管理和维护	自动调整 ECS 的数量
虚拟私有云（VPC）	弹性伸缩支持自动调整 VPC 中创建的弹性公网 IP 带宽或共享带宽大小	自动调整带宽大小
消息通知服务（SMN）	用户使用消息通知功能后，系统会将伸缩组的多种情况及时推送给用户，便于用户及时了解伸缩组的状态	消息通知
云审计服务（CTS）	开通 CTS 后，可以记录弹性伸缩相关的操作事件，便于日后的查询、审计和回溯	日志审计

续表

相关服务	说明	交互功能
标签管理服务（TMS）	当具有许多相同类型的弹性伸缩资源时，标签可以提供灵活的资源管理能力	标签
关系数据库服务（RDS）	伸缩出来的实例，可以直接访问 RDS 实例的前提条件如下： （1）该实例与目标 RDS 实例必须处于同一 VPC 内； （2）该实例必须处于目标 RDS 实例所属安全组允许访问的范围内	伸缩出来的实例可以访问云数据库服务实例

2.8　网络类云服务——虚拟私有云

2.8.1　虚拟私有云简介

虚拟私有云（VPC）为云服务器、云容器、云数据库等云上资源构建隔离、私密的虚拟网络环境。虚拟私有云丰富的功能能够帮助用户灵活管理云上网络，包括创建子网、设置安全组和网络 ACL、管理路由表、申请弹性公网 IP 和带宽等。此外，还可以通过云专线、VPN 等服务将虚拟私有云与传统的数据中心互联互通，灵活整合资源，构建混合云网络。

虚拟私有云使用网络虚拟化技术，通过链路冗余、分布式网关集群、多可用区部署等多种技术，保障网络的安全、稳定、高可用。

2.8.2　虚拟私有云的产品架构

虚拟私有云产品架构可以分为：虚拟私有云组成部分、安全、虚拟私有云连接，如图 2-28 所示。

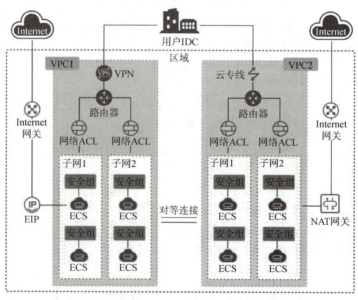

图 2-28　虚拟私有云的产品架构

1. 虚拟私有云组成部分

每个虚拟私有云由一个私网网段、路由表和至少一个子网组成。

(1)私网网段。用户在创建虚拟私有云时，需要指定虚拟私有云使用的私网网段。当前虚拟私有云支持的网段有 10.0.0.0/8～10.0.0.0/24、172.16.0.0/12～172.16.0.0/24 和 192.168.0.0/16～192.168.0.0/24。

(2)路由表。在创建虚拟私有云时，系统会自动生成默认路由表，默认路由表的作用是保证了同一个虚拟私有云下的所有子网互通。当默认路由表中的路由策略无法满足应用(例如未绑定弹性公网 IP 的云服务器需要访问外网)时，可以通过创建自定义路由表来解决。更多信息请参考虚拟私有云内自定义路由示例和虚拟私有云外自定义路由示例。

(3)子网。云资源(如云服务器、云数据库等)必须部署在子网内。因此，虚拟私有云创建完成后，需要为其划分一个或多个子网，子网网段必须在私网网段内。

2. 安全

安全组与网络 ACL 用于保障虚拟私有云内部署的云资源的安全。安全组类似于虚拟防火墙，为同一个虚拟私有云内具有相同安全保护需求并相互信任的云资源提供访问策略，更多信息请参考安全组简介；可以为具有相同网络流量控制的子网关联同一个网络 ACL，通过设置出方向和入方向规则，对进出子网的流量进行精确控制，更多信息请参考网络 ACL 简介。

3. 虚拟私有云连接

华为云提供了多种虚拟私有云连接方案，以满足用户不同场景下的诉求。

(1)通过虚拟私有云对等连接功能，实现同一区域内不同虚拟私有云下的私网 IP 互通。

(2)通过 EIP 或 NAT 网关，使虚拟私有云内的云服务器可以与公网 Internet 互通。

(3)通过 VPN、云连接、云专线及虚拟私有云二层连接网关功能将虚拟私有云和数据中心连通。

2.8.3 虚拟私有云的产品优势

虚拟私有云是业务上云的基础，提供安全、可扩展的云上网络环境，同时提供连接互联网和本地数据中心的功能。虚拟私有云产品的优势如下。

1. 灵活配置

虚拟私有云可自定义虚拟私有网络，按需划分子网，配置 IP 地址段、动态主机配置协议(Dynamic Host Configuration Protocol，DHCP)、路由表等服务；支持跨可用区部署 ECS。

2. 安全可靠

虚拟私有云之间通过隧道技术进行 100% 逻辑隔离，不同虚拟私有云之间默认不能通信。网络 ACL 对子网进行防护，安全组对 ECS 进行防护，多重防护网络更安全。

3. 互联互通

默认情况下，虚拟私有云与公网是不能通信访问的，华为公有云使用弹性公网 IP、

ELB、NAT 网关、虚拟专用网络、云专线等多种方式连接公网，如图 2-29 所示。

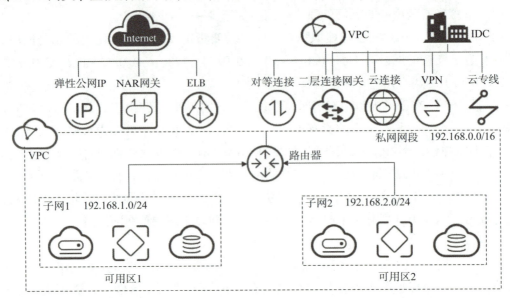

图 2-29　互联互通

默认情况下，两个虚拟私有云之间也是不能通信访问的，华为公有云可以使用对等连接的方式，使用私有 IP 地址在两个虚拟私有云之间进行通信。

对于云上和云下网络二层互通问题，企业交换机支持二层连接网关功能，允许在不改变子网、IP 规划的前提下将数据中心或私有云主机业务部分迁移上云。

虚拟私有云可以提供多种连接选择，满足企业云上多业务需求，轻松部署企业应用，降低企业 IT 运维成本。

4. 高速访问

虚拟私有云使用全动态边界网关协议（Border Gateway Protocol，BGP）接入多个运营商，可支持 20 多条线路；可以根据设定的寻路协议实时自动故障切换，保证网络稳定，使网络时延低，云上业务访问更流畅。

5. 虚拟私有云与传统 IDC 的对比

虚拟私有云与传统 IDC 的对比如表 2-13 所示。

表 2-13　虚拟私有云与传统 IDC 的对比

对比项	虚拟私有云	传统 IDC
部署周期	（1）用户无须进行工程规划，布线等复杂工程部署的工作； （2）用户基于业务需求在华为云上自主规划私有网络、子网和路由	用户需要自行搭建网络并进行测试，整个周期很长，而且需要专业技术的支持

续表

对比项	虚拟私有云	传统 IDC
总成本	华为云网络服务提供了多种灵活的计费方式，加上客户无须前期投入和后期网络运维，整体上降低了总体拥有成本（Total Cost of Ownership，TCO）	用户需要机房、供电、施工、硬件物料等固定重资产投入，也需要专业的运维团队来保障网络安全。随着业务变化，资产管理成本也会随之上升
灵活性	华为云提供多种网络服务，用户可以根据具体需求搭配服务。当业务发展需要更多的网络资源（如带宽资源）时，可以方便快捷地进行动态扩展	业务部署需要严格遵守前期网络规划，当业务需求发生变化时，无法便捷地动态调整网络

2.8.4　虚拟私有云的应用场景

虚拟私有云提供安全、可扩展的云上网络环境，同时提供连接互联网和本地数据中心的功能。其应用场景如下。

1. 云端专属网络

每个虚拟私有云代表一个私有网络，与其他虚拟私有云逻辑隔离，可以将业务系统部署在华为云上，构建云上私有网络环境。如果有多个业务系统（如生产环境和测试环境）要严格进行隔离，那么可以使用多个虚拟私有云进行业务隔离。当有互相通信的需求时，可以在两个虚拟私有云之间建立对等连接，如图 2-30 所示。

建议搭配 ECS 服务。

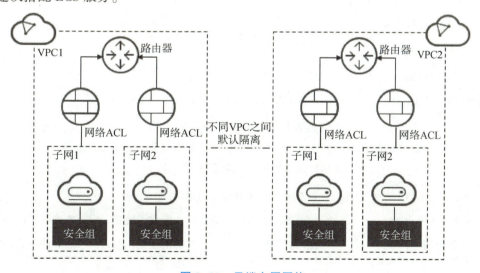

图 2-30　云端专属网络

2. Web 应用或网站托管

在虚拟私有云中托管 Web 应用或网站，可以像使用普通网络一样使用虚拟私有云。通过弹性公网 IP 或 NAT 网关连接 ECS 与 Internet，运行 ECS 上部署的 Web 应用程序。同时结合 ELB，可以将来自 Internet 的流量均衡分配到不同的 ECS 上。

2.8.5　虚拟私有云与其他云服务的关系

虚拟私有云与其他云服务的关系如图 2-31 和表 2-14 所示。

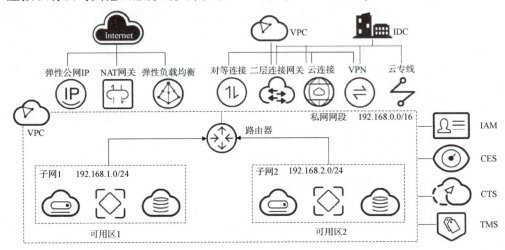

图 2-31　虚拟私有云与其他云服务的关系

表 2-14　虚拟私有云与其他云服务的关系

相关服务	交互功能
弹性云服务器（ECS）	ECS 的安全防护
弹性公网 IP（Elastic IP，EIP）	虚拟私有云内的 ECS 与 Internet 互连
NAT 网关（NAT Gateway，NAT）	
虚拟专用网络（VPN）	虚拟私有云与本地数据中心互连
云专线（DC）	
云连接（Cloud Connect，CC）	跨区域的虚拟私有云互连
弹性负载均衡（ELB）	访问流量分发到虚拟私有云内的多台 ECS
统一身份认证（IAM）	如果需要对华为云上创建的虚拟私有云资源，给企业中的员工设置不同的访问权限，以达到不同员工之间的权限隔离，则可以使用 IAM 进行精细的权限管理
云监控服务（CES）	查看带宽和流量使用情况
云审计服务（CTS）	记录虚拟私有云相关的操作事件，便于日后的查询、审计和回溯
标签管理服务（TMS）	使用标签标识云资源，实现对虚拟私有云、子网等的分类和搜索

2.9 网络类云服务——弹性公网 IP

2.9.1 弹性公网 IP 简介

弹性公网 IP(Elastic IP，EIP)提供独立的公网 IP 资源，包括公网 IP 地址与公网出口带宽服务，可以与 ECS、BMS、虚拟 IP、ELB、NAT 网关等资源灵活地绑定及解绑。

一个弹性公网 IP 只能绑定一个云资源来使用，如图 2-32 所示。

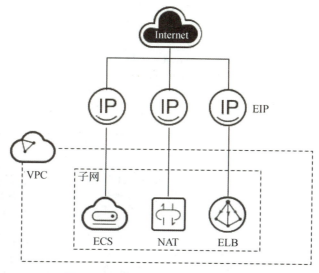

图 2-32 通过弹性公网 IP 访问公网

2.9.2 弹性公网 IP 的产品优势

弹性公网 IP 具有以下几个优势。

1. 弹性灵活

弹性公网 IP 支持与 ECS、BMS、NAT 网关、ELB、虚拟 IP 灵活地绑定与解绑，带宽支持灵活调整，可应对各种业务的变化。

2. 经济实惠

弹性公网 IP 包含多种计费策略，支持按需、按带宽、按流量计费，使用共享带宽可以降低带宽成本，包年包月更优惠。

3. 简单易用

弹性公有 IP 具有绑定解绑、带宽调整实时生效的优势。

2.9.3 弹性公网 IP 的应用场景

弹性公网 IP 的应用场景如下。

1. 绑定云服务器

将弹性公网 IP 绑定到云服务器上，实现云服务器连接公网的目的，如图 2-33 所示。建议搭配服务：ECS 或 BMS、VPC。

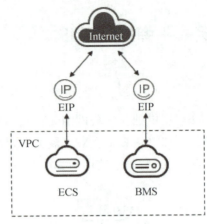

图 2-33　绑定云服务器

2. 绑定 NAT 网关

NAT 网关通过与弹性公网 IP 绑定，可以使多个云主机（ECS、BMS、Workspace 等）共享弹性公网 IP 访问 Internet 或使云主机提供互联网服务，如图 2-34 所示。

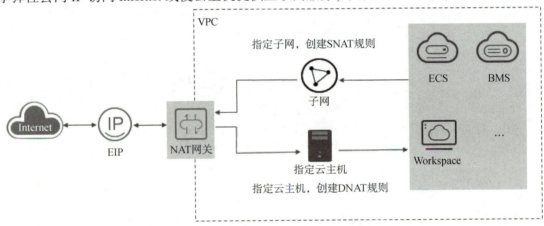

图 2-34　绑定 NAT 网关

创建源地址转换（Source Network Address Translation，SNAT）规则为 VPC 内指定子网中的云产品提供共享弹性公网 IP 访问互联网的服务。

创建目的地址转换（Destination Network Address Translation，DNAT）规则用于 VPC 内云主机对外提供服务。

建议搭配 NAT 网关、云主机（ECS、BMS、Workspace）、VPC 等服务。

3. 绑定 ELB

通过弹性公网 IP 对外提供服务，将来自公网的客户端请求按照指定的负载均衡策略分发到后端云服务器进行处理，如图 2-35 所示。

建议搭配 ELB、ECS、VPC 等服务。

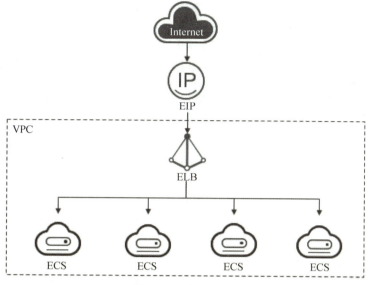

图 2-35　绑定 ELB

2.10　网络类云服务——NAT 网关

2.10.1　NAT 网关简介

NAT 网关可提供网络地址转换服务，可分为公网 NAT 网关（Public NAT Gateway）和私网 NAT 网关（Private NAT Gateway）。

1. 公网 NAT 网关

公网 NAT 网关能够为 VPC 内的云主机（ECS、BMS）或通过云专线、VPN 接入 VPC 的本地数据中心的服务器，提供最高 20 Gbit/s 能力的网络地址转换服务，使多个云主机可以共享弹性公网 IP 访问 Internet 或使云主机提供互联网服务。

公网 NAT 网关具有 SNAT 和 DNAT 两个功能。

（1）SNAT 功能通过绑定弹性公网 IP，实现私有 IP 向公有 IP 的转换，可实现 VPC 内跨可用区的多个云主机共享弹性公网 IP，安全、高效地访问互联网。SNAT 架构如图 2-36 所示。

（2）DNAT 功能通过绑定弹性公网 IP，可实现 IP 映射或端口映射，使 VPC 内跨可用区的多个云主机共享弹性公网 IP，为互联网提供服务。DNAT 架构如图 2-37 所示。

2. 私网 NAT 网关

私网 NAT 网关能够为 VPC 内的云主机（ECS、BMS）提供私网地址转换服务。可以在私网 NAT 网关上配置 SNAT、DNAT 规则，可将源、目的网段地址转换为中转 IP，通过使用中转 IP 实现 VPC 内的云主机与其他 VPC、云下 IDC 互访。

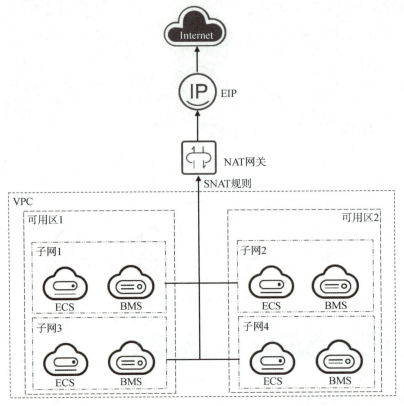

图 2-36　SNAT 架构

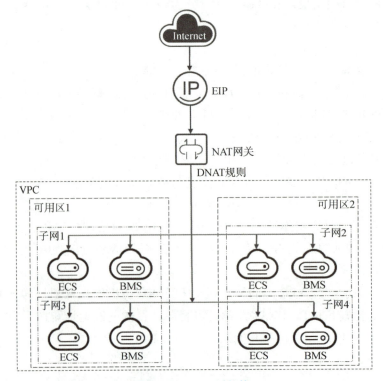

图 2-37　DNAT 架构

私网 NAT 网关同样具有 SNAT 和 DNAT 两个功能。

(1)SNAT 功能通过绑定中转 IP,可实现 VPC 内跨可用区的多个云主机共享中转 IP,访问外部数据中心或其他 VPC。

(2)DNAT 功能通过绑定中转 IP,可实现 IP 映射或端口映射,使 VPC 内跨可用区的多个云主机共享中转 IP,为外部私网提供服务。

2.10.2 NAT 网关的优势

1. 公网 NAT 网关的优势

(1)灵活部署。支持跨子网部署和跨可用区域部署。公网 NAT 网关支持跨可用区部署,可用性高,单个可用区的任何故障都不会影响公网 NAT 网关的业务连续性。公网 NAT 网关的规格、弹性公网 IP,均可以随时调整。

(2)多样易用。多种网关规格可灵活选择。对公网 NAT 网关进行简单配置后即可使用,运维简单,快速发放,即开即用,运行稳定可靠。

(3)降低成本。多个云主机共享使用弹性公网 IP。当私有 IP 地址通过公网 NAT 网关发送数据,或者应用面向互联网提供服务时,公网 NAT 网关服务将私有地址和公网地址进行转换。用户无须为云主机访问 Internet 购买多余的弹性公网 IP 和带宽资源,多个云主机共享使用弹性公网 IP,有效降低了成本。

2. 私网 NAT 网关的优势

(1)简规划。大企业不同部门间存在大量重叠网段,上云后无法互通,需要在上云前进行企业网络的重新规划。华为云首创的私网 NAT 网关服务,支持重叠网段通信,客户可保留原有组网上云,无须重新规划,极大简化了 IDC 上云的网络规划。

(2)易运维管理。因为组织层级、分权分域、安全隔离等因素,大型企业内不同归属的部门存在分级组网,需要映射至大网才能彼此通信。私网 NAT 网关支持私网的 IP 地址映射,各部门的网段可映射至统一的 VPC 大网地址进行统一管理,让复杂组网的管理更加简易。

(3)高安全。针对企业各部门间不同的密级,私网 NAT 网关支持暴露限定网段的 IP 和端口,隔离高安全等级的业务。因为安全受限等原因,行业监管部门要求各机构和单位按指定 IP 地址接入,私网 NAT 网关可满足行业监管要求,将私网 IP 映射为指定 IP 进行接入。

(4)零冲突。企业多部门间业务隔离,常常使用同一个私网网段,迁移上云后极易冲突。基于私网 NAT 网关的大小网映射能力,可支持云上的重叠网段互通,助力客户上云后网络零冲突。

2.10.3 NAT 网关的应用场景

NAT 网关典型应用场景如下。

1. 公网 NAT 网关——使用 SNAT 功能访问公网

当 VPC 内的云主机需要访问公网且请求量大时，为了节省弹性公网 IP 资源，避免云主机 IP 直接暴露在公网上，可以使用公网 NAT 网关的 SNAT 功能。VPC 中的一个子网对应一条 SNAT 规则，一条 SNAT 规则可以配置多个弹性公网 IP。公网 NAT 网关提供不同规格的连接数，根据业务规划，可以通过创建多条 SNAT 规则，来实现共享弹性公网 IP 资源，如图 2-38 所示。

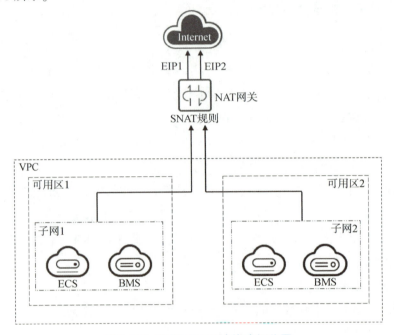

图 2-38　使用 SNAT 功能访问公网

2. 公网 NAT 网关——使用 DNA 功能为云主机面向公网提供服务

当 VPC 内的云主机需要面向公网提供服务时，可以使用公网 NAT 网关的 DNAT 功能。

DNAT 功能绑定弹性公网 IP，有两种映射方式（端口映射、IP 映射）。可通过端口映射方式，当用户以指定的协议和端口访问该弹性公网 IP 时，公网 NAT 网关会将该请求转发到目标云主机实例的指定端口上。也可通过 IP 映射方式，为云主机配置一个弹性公网 IP，任何访问该弹性公网 IP 的请求都将被转发到目标云主机实例上。这两种映射方式可使多个云主机共享弹性公网 IP 和带宽，精确地控制带宽资源。

一个云主机配置一条 DNAT 规则，如果有多个云主机需要为公网提供服务，则可以通过配置多条 DNAT 规则来共享一个或多个弹性公网 IP 资源。

使用 DNAT 功能为云主机面向公网提供服务如图 2-39 所示，图中示例的云主机类型均可替换为 ECS 和 BMS 中的任何一个。

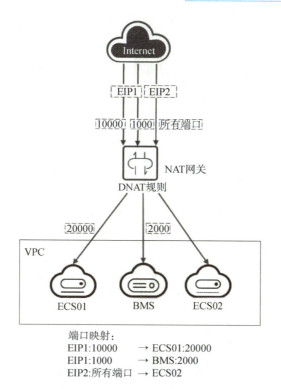

图 2-39　使用 DNAT 功能为云主机面向公网提供服务

3. 公网 NAT 网关——使用 SNAT 或 DNAT 功能高速访问公网

用户线下私有云或跨区域使用云专线或 VPN 接入 VPC 的用户，若有大量的服务器需要实现安全、可靠、高速地访问公网，或者为公网提供服务，则可通过公网 NAT 网关的 SNAT 或 DNAT 功能来实现，如图 2-40 所示。例如各类游戏、电商、金融等企业的跨云场景。

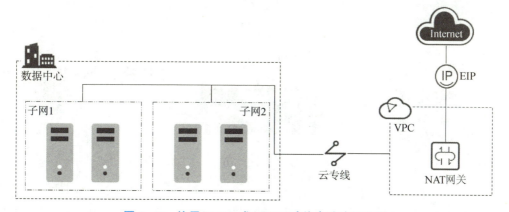

图 2-40　使用 SNAT 或 DNAT 功能高速访问公网

4. 私网 NAT 网关——企业网络上云及指定 IP 接入

大型企业或机构上云，希望迁移上云时能保持组网不变，可使用私网 NAT 网关，无须对网络做任何更改即可保持原有方式互通。同时，行业监管部门要求指定地址接入，使用私网 NAT 网关将各部门的 IP 地址映射为指定地址接入行业监管部门，满足企业安全规范。

企业部门间如存在网段重叠，使用私网 NAT 网关可实现企业各部门迁移上云后组网不变，部门间保持原有方式互通，简化了 IDC 上云的网络规划；使用私网 NAT 网关，配置 SNAT 规则，将各部门的 IP 地址映射为符合要求的 10.0.0.33 地址接入行业监管部门，提升企业的安全性，如图 2-41 所示。

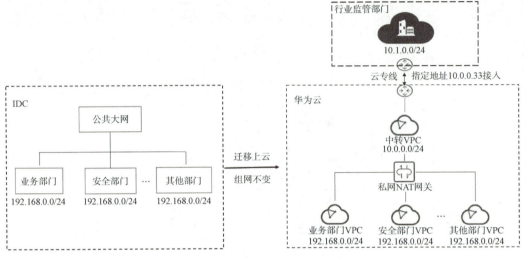

图 2-41　企业网络上云及指定 IP 接入

2.10.4　NAT 网关与其他云服务的关系

NAT 网关与其他云服务的关系如图 2-42 和表 2-15 所示。

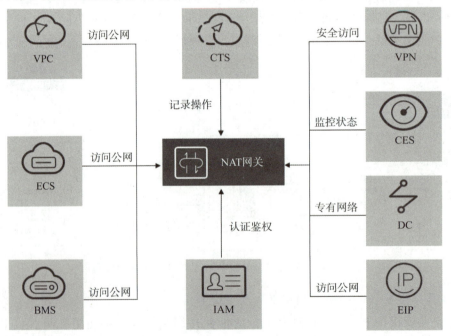

图 2-42　NAT 网关与其他云服务的关系

表 2-15　NAT 网关与其他服务的关系

相关服务	交互功能
云专线（DC）	通过 DC 接入 VPC 的本地服务器，可以通过公网 NAT 网关访问公网或为公网提供服务
虚拟专用网络（VPN）	通过 VPN 可以在远端用户和 VPC 之间建立一条安全加密的公网通信隧道。为通过公网 NAT 网关访问公网提供了更加安全的访问
弹性云服务器（ECS） 裸金属服务器（MBS）	公网 NAT 网关可以为其他云服务提供访问公网或为公网提供服务的能力
虚拟私有云（VPC）	VPC 内的 ECS 与 Internet 互连
弹性公网 IP（EIP）	实现 VPC 中的云主机以公网 NAT 网关的形式共享弹性公网 IP 访问公网或为公网提供服务
云监控服务（CES）	查看 NAT 网关的监控数据，还可以获取可视化监控图表
统一身份认证（IAM）	如果需要对华为云上创建的 NAT 网关资源，给企业中的员工设置不同的访问权限，以达到不同员工之间的权限隔离，则可以使用 IAM 进行精细的权限管理
云审计服务（CTS）	通过 CTS，可以记录与 NAT 网关服务相关的操作事件，便于日后的查询、审计和回溯

2.11　网络类云服务——虚拟专用网络

2.11.1　虚拟专用网络简介

虚拟专用网络（VPN）用于在远端用户和 VPC 之间建立一条安全加密的公网通信隧道。当作为用户需要访问 VPC 的业务资源时，可以通过 VPN 连通 VPC。

默认情况下，VPC 中的 ECS 无法与用户的数据中心或私有网络进行通信。如果需要将 VPC 中的 ECS 和用户的数据中心或私有网络连通，则可以启用 VPN 功能。

VPN 由 VPN 网关和 VPN 连接组成，VPN 网关提供了 VPC 的公网出口，与本地数据中心的远端网关对应；VPN 连接则通过公网加密技术，将 VPN 网关与远端网关关联，使本地数据中心与 VPC 通信，从而更快速、安全地构建混合云环境。VPN 组网图如图 2-43 所示。

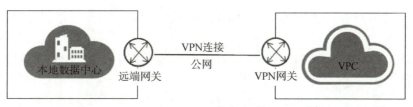

图 2-43　VPN 组网图

1. VPN 网关

VPN 网关是 VPC 中建立的出口网关设备，通过 VPN 网关，可建立 VPC 和企业数据中心或其他区域 VPC 之间的安全可靠的加密通信。

VPN 网关需要与本地数据中心的远端网关配合使用，一个本地数据中心绑定一个远端网关，一个 VPC 绑定一个 VPN 网关。VPN 支持点到点或点到多点的连接，故 VPN 网关与远端网关为一对一或一对多的关系。VPN 组网拓扑图如图 2-44 所示，华为云侧 VPC 需要创建 VPN 网关，提供 VPC 的公网出口，与本地数据中心的对端网关对应。

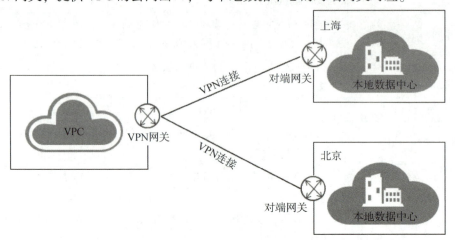

图 2-44　VPN 组网拓扑图

2. VPN 连接

VPN 连接是一种 IPSec（Internet Protocol Security）加密技术，能够快速构建 VPN 网关和本地数据中心的远端网关之间的安全、可靠的加密通道。当前 VPN 连接支持 IPSec VPN 协议。

VPN 连接使用网络密钥交换（Internet Key Exchange，IKE）和 IPSec 协议对传输数据进行加密，保证数据的安全、可靠，并且 VPN 连接使用的是公网技术，更加节约成本。

2.11.2　虚拟专用网络的产品优势

1. 高安全

采用华为专业设备，基于 IKE 和 IPSec 对传输数据加密，提供了电信级的高可靠性机制，从硬件、软件、链路 3 个层面保证 VPN 服务的稳定运行。

2. 无缝扩展资源

VPN 服务将本地数据中心与云上 VPC 互联，业务快速扩展上云，实现混合云部署。

3. 连通成本低

VPN 服务利用 Internet 构建 IPSec 加密通道，使用费用相对云专线服务更便宜。

4. 即开即用

即开即用，部署快速，实时生效，在对用户本地数据中心的 VPN 设备进行简单配置即可完成对接。

2.11.3　虚拟专用网络的应用场景

通过 VPN 在传统数据中心与 VPC 之间建立通信隧道，可方便地使用云平台的云服务器、块存储等资源；应用程序转移到云中、启动额外的 Web 服务器、增加网络的计算容量，从而实现企业的混合云架构，既降低了企业 IT 的运维成本，又不用担心企业核心数据的扩散。

1. 单站点 VPN 连接

可以通过建立 VPN 将本地数据中心和 VPC 快速连接起来，构建混合云，如图 2-45 所示。

图 2-45 单站点 VPN 连接

2. 多站点 VPN 连接

可以通过建立 VPN 将多个本地数据中心和 VPC 快速连接起来，构建混合云，如图 2-46 所示。

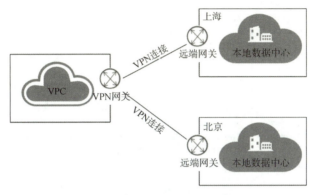

图 2-46 多站点 VPN 连接

2.11.4 虚拟专用网络与其他云服务的关系

虚拟专用网络与其他云服务的关系如图 2-47 和表 2-16 所示。

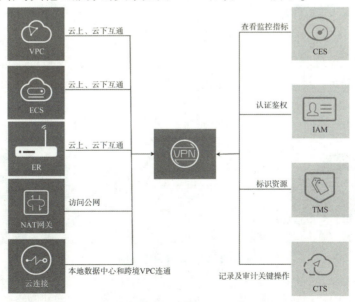

图 2-47 虚拟专用网络与其他云服务的关系

表 2-16　虚拟专用网络与其他云服务的关系

相关服务	交互功能
虚拟私有云（VPC）	只有通过 VPC 服务，创建 VPC，用户数据中心才可以通过 VPN 上云
弹性云服务器（ECS）	通过 VPC 服务，定义安全组中的规则，将 VPC 中的 ECS 划分成不同的安全域，以提升 ECS 访问的安全性
企业路由器 （Enterprise Router，ER）	通过企业路由器，用户数据中心上云可以实现 VPN 和专线双通道互备。仅 VPN 网关支持，经典版 VPN 网关不支持
NAT 网关（NAT）	通过 NAT 网关服务，可以实现用户数据中心服务器访问公网或为公网提供服务
云连接（Cloud Connect）	通过 CES，可以实现用户数据中心和跨境 VPC 之间的稳定网络连通
云监控服务（CES）	通过云监控服务，查看云专线资源的监控数据，还可以获取可视化监控图表
统一身份认证（IAM）	通过 IAM 服务，针对在华为云上创建的 VPN 资源，向不同用户设置不同的使用权限，可以帮助用户安全地控制华为云 VPN 资源的访问权限
标签管理服务 （Tag Management Service，TMS）	使用标签来标识虚拟专用网络，便于分类和搜索，仅经典版 VPN 支持
云审计服务（CTS）	记录与云专线服务相关的操作事件

2.12　网络类云服务——云专线

2.12.1　云专线简介

云专线（DC）用于搭建用户本地数据中心与华为云 VPC 之间高速、低时延、稳定安全的专属连接通道，充分利用华为云服务优势的同时，继续使用现有的 IT 设施，实现灵活一体、可伸缩的混合云计算环境。云专线组网图如图 2-48 所示。

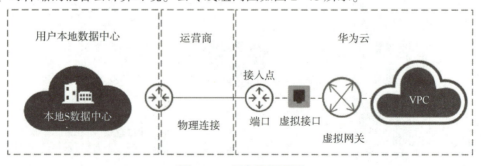

图 2-48　云专线组网图

2.12.2　云专线的优势

1. 网络质量

通过专线网络进行数据传输，网络性能高，低时延，用户使用体验更佳。

2. 安全性

用户使用云专线接入华为云上 VPC，使用专享私密通道进行通信，网络隔离，满足各类用户对高网络安全性方面的需求。

3. 传输带宽

华为云专线单线路最大支持 100 Gbit/s 带宽连接，满足各类用户的带宽需求。

2.13　网络类云服务——弹性负载均衡

2.13.1　弹性负载均衡简介

弹性负载均衡（ELB）是将访问流量根据分配策略分发到后端多台服务器的流量分发控制服务。ELB 可以通过流量分发扩展应用系统对外的服务能力，同时通过消除单点故障提升应用系统的可用性。

使用 ELB 的实例如图 2-49 所示，ELB 将访问流量分发到后端 3 台应用服务器，每台应用服务器只需分担三分之一的访问请求。同时，结合健康检查功能，流量只分发到后端正常工作的服务器，从而提升了应用系统的可用性。

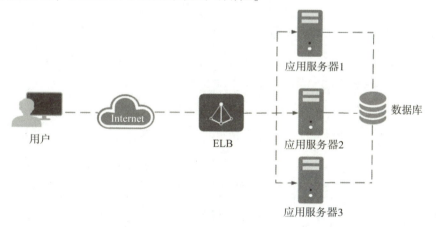

图 2-49　使用 ELB 的实例

ELB 由以下 3 部分组成。

（1）负载均衡器。接受来自客户端的传入流量并将请求转发到一个或多个可用区中的后端服务器。

（2）监听器。可以向负载均衡器中添加一台或多台监听器。监听器使用配置的协议和端口检查来自客户端的连接请求，并根据用户的分配策略和转发策略将请求转发到一个后端服务器组里的后端服务器上。

（3）后端服务器。每台监听器会绑定一个后端服务器组，后端服务器组中可以添加一台或多台后端服务器。后端服务器组使用指定的协议和端口号将请求转发到一台或多台后端服务器上。可以为后端服务器配置流量转发权重，但不能为后端服务器组配置流量转发权重。

还可以开启健康检查功能，对每个后端服务器组配置运行状况检查。当后端某台服务器的健康检查出现异常时，ELB 会自动将新的请求分发到其他健康检查正常的后端服务器上；而当该后端服务器恢复正常运行时，ELB 会将其自动恢复到 ELB 服务中。ELB 组件图如图 2-50 所示。

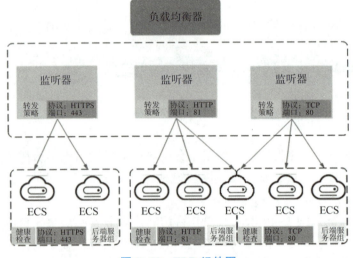

图 2-50 ELB 组件图

2.13.2 弹性负载均衡产品优势

ELB 支持独享型负载均衡和共享型负载均衡两种，如图 2-51 所示。

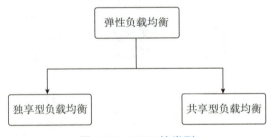

图 2-51 ELB 的类型

1. 独享型负载均衡的优势

（1）高性能。可实现性能独享，资源隔离，单实例最大支持 2 000 万并发，满足用户的海量业务访问需求。

此外，选择多个可用区之后，对应的性能规格（包括新建连接数、并发连接数等）会加倍。例如，单实例最大支持 2 000 万并发，那么双可用区就支持 4 000 万并发。

（2）高可用。支持多可用区的同城双活容灾，无缝实时切换。完善的健康检查机制，可以保障业务实时在线。

（3）超安全。支持 TLS1.3，提供全链路 HTTPS 数据传输，支持多种安全策略，根据业务不同的安全要求灵活选择安全策略。

（4）支持多协议。支持 TCP、UDP、HTTP、HTTPS、QUIC 等协议，满足不同协议的接入需求。

（5）更灵活。支持请求方法、Header、URL、PATH、源 IP 等不同应用特征，并可对流量进行转发、重定向、固定返回码等操作。

（6）无边界。提供混合负载均衡能力（跨 VPC 后端），可以将云上的资源和云下、多云之间的资源进行统一负载。

（7）简单易用。快速部署 ELB，实时生效，支持多种协议、多种调度算法，用户可以高效地管理和调整分发策略。

（8）可靠性高。支持跨可用区双活容灾，流量分发更均衡。

2. 共享型负载均衡的优势

（1）高性能。集群最高可支持：每秒新建连接数不超过 100 万，1 亿并发连接，满足用户的海量业务访问需求。

（2）高可用。采用集群化部署，支持多可用区的同城双活容灾，无缝实时切换。完善的健康检查机制，可以保障业务实时在线，如图 2-52 所示。

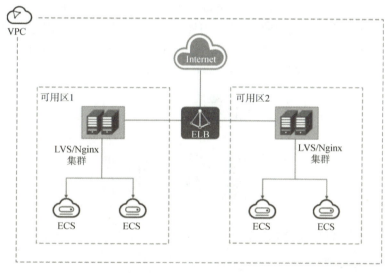

图 2-52 高可用

（3）支持多协议。支持 TCP、UDP、HTTP、HTTPS 等协议，不支持 QUIC 协议，满足不同协议的接入需求。

（4）简单易用。快速部署 ELB，实时生效，支持多种协议、多种调度算法，用户可以高效地管理和调整分发策略。

2.13.3 弹性负载均衡的应用场景

1. 使用 ELB 为高访问量业务进行流量分发

对于访问量较大的业务，可以通过 ELB 设置相应的分配策略，将访问量均匀地分到多台后端服务器处理，如大型门户网站、移动应用市场等业务。

还可以开启会话保持功能，保证同一个客户请求转发到同一台后端服务器，从而提升访问效率，如图 2-53 所示。

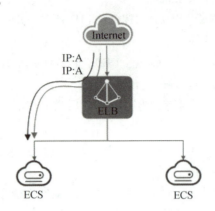

图 2-53   使用 ELB 为高访问量业务进行流量分发

2. 使用 ELB 和弹性伸缩为潮汐业务弹性分发流量

对于存在潮汐效应的业务，结合弹性伸缩服务，随着业务量的增长和收缩，弹性伸缩服务自动增加或减少的 ECS 实例，可以自动添加到 ELB 的后端云服务器组或从 ELB 的后端云服务器组中移除。ELB 实例会根据流量分发、健康检查等策略灵活使用 ECS 实例资源，在资源弹性的基础上大大提高资源可用性，如图 2-54 所示。例如，电商的"双 11" "双 12" "618"等大型促销活动，业务的访问量短时间内迅速增长，且只持续短暂的几天甚至几个小时，使用 ELB 及弹性伸缩能最大限度地节省 IT 成本。

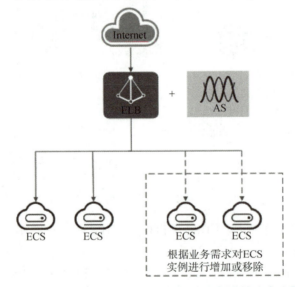

图 2-54   使用 ELB 和弹性伸缩为潮汐业务弹性分发流量

3. 使用 ELB 消除单点故障

对可靠性有较高要求的业务，如官网、计费业务、Web 业务等，可以在负载均衡器上添加多台后端云服务器。负载均衡器会通过健康检查及时发现并屏蔽有故障的后端云服务器，并将流量转发到其他正常运行的后端云服务器，确保业务不中断，如图 2-55 所示。

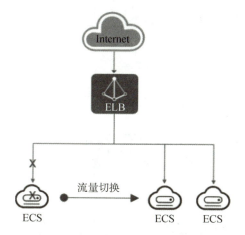

图 2-55　使用 ELB 消除单点故障

4. 使用 ELB 跨可用区特性实现业务容灾部署

对可靠性和容灾有很高要求的业务，如银行业务、警务业务、大型应用系统等，ELB可将流量跨可用区进行分发，建立实时的业务容灾部署。即使出现某个可用区网络故障，负载均衡器仍可将流量转发到其他可用区的后端云服务器进行处理，如图 2-56 所示。

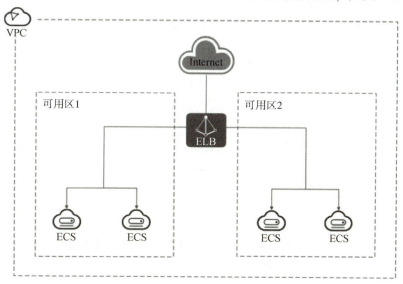

图 2-56　使用 ELB 跨可用区特性实现业务容灾部署

2.13.4　弹性负载均衡和其他云服务的关系

ELB 和其他云服务的关系如图 2-57 和表 2-17 所示。

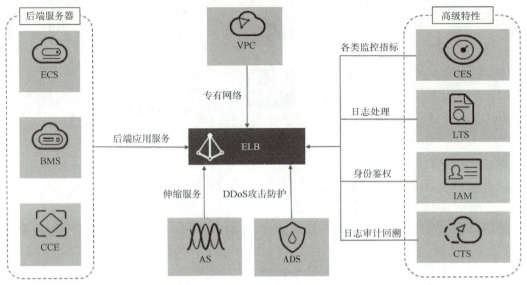

图 2-57 ELB 与其他云服务的关系

表 2-17 ELB 与其他云服务的关系

相关服务	交互功能
弹性云服务器（ECS）	通过相关服务部署用户业务，并接收 ELB 分发的访问流量
裸金属服务器（BMS）	
云容器引擎（CCE）	
虚拟私有云（VPC）	创建 ELB 时需要使用 VPC 创建的弹性公网 IP、带宽
弹性伸缩（AS）	当配置了负载均衡服务后，弹性伸缩在添加和移除云服务器时，自动在负载均衡服务中添加和移除云服务器
统一身份认证（IAM）	需要 IAM 提供鉴权
云审计服务（CTS）	使用 CTS 记录 ELB 服务的资源操作
云监控服务（CES）	当用户开通了 ELB 服务后，无须额外安装其他插件，即可在云监控查看对应服务的实例状态
DDoS 防护服务（Anti-DDoS Service，ADS）	当用户购买了 ADS 防护服务后，配置了负载均衡器的公网 IP，确保了 ELB 服务免受外部攻击，提高安全可靠性
云日志服务（Log Tank Service，LTS）	配置访问日志时需要对接云日志服务，查看和分析对 7 层负载均衡 HTTP 和 HTTPS 进行请求的详细访问日志记录

2.14 本章小结

通过本章的学习，读者对计算、存储、网络的相关云服务都有了全新的认识，并对华为云服务也有了全新的了解。

习　题

一、选择题

1. 以下不属于 ELB 的组成部分的是(　　　)。

A. 后端服务器　　　　B. 监听器　　　　　C. 负载均衡器　　　　D. NAT 网关

2. 在同一区域 VPC1 与 VPC2 之间，以下说法中正确的是(　　)。

A. 通过对等连接实现互通　　　　　　B. 彼此之间不可以互通

C. 默认互通，但可以禁用　　　　　　D. 只能通过 VPN 实现互通

3. 以下不属于 EVS 的是(　　　)。

A. 超高 I/O　　　　　　　　　　　B. 高 I/O

C. 普通 I/O(上一代产品)　　　　　　D. 优化 I/O

4. 执行 EVS 卸载时，云服务器状态应为(　　　)。

A. 可用　　　　　　B. 错误　　　　　　C. 正在扩容　　　　D. 扩容失败

5. (多选)以下哪些属于镜像服务的优势(　　　)?

A. 安全　　　　　　B. 便捷　　　　　　C. 统一　　　　　　D. 便宜

二、填空题

1. _____与安全组类似，都是安全防护策略，当想增加额外的安全防护层时，就可以启用它。

2. 镜像的类型有_____、_____、_____、_____。

3. NAT 网关可提供网络地址转换服务，分为_____网关和_____网关。

4. ELB 由以下 3 部分组成：_____、_____和_____。

5. VPN 由 VPN 网关和 VPN 连接组成，_____提供了 VPC 的公网出口，与本地数据中心的远端网关对应。_____则通过公网加密技术，将 VPN 网关与远端网关关联。

三、简答题

1. 简述 OBS 的优势。

2. 什么是 SFS? 简述它的定义及应用场景。

第3章 鲲鹏云解决方案

鲲鹏原指深圳市海思半导体有限公司发布的一款兼容 ARM 指令集的服务器芯片——鲲鹏920，其性能强悍，配备了 64 个物理核心，单核实力从 CPU 算力 benchmark 的角度对比，大约持平于同期 x86 的主流服务器芯片，整体多核多线程算力较同期的 x86 芯片更强大。如今，鲲鹏的含义已经有所延伸，其不再局限于鲲鹏系列服务芯片，借助华为云的优势，目前已经是完整软硬件生态和云服务生态。本章首先介绍鲲鹏硬件，然后介绍鲲鹏基础云服务，最后介绍鲲鹏云容器。

3.1 引 言

3.1.1 鲲鹏架构

华为公司购买了 ARM 公司 ARM8 微处理器的永久授权，该授权是架构层级的授权，华为可以在此指令集的基础上扩展自己的指令集。

华为公司下属的深圳市海思半导体有限公司基于 ARM 架构开发了一系列服务器处理器，这些处理器一般被称为鲲鹏处理器，其使用的架构被称为鲲鹏架构，鲲鹏架构兼容 ARMv8 架构。

在微架构方面，鲲鹏920 以前版本的处理器（如鲲鹏912、鲲鹏916）使用的是定制的 ARM 公版微架构，而鲲鹏920 则使用了自研的 TaiShan V110 微架构。

3.1.2 鲲鹏芯片编年史

1. 第 1 代鲲鹏处理器

2014 年，华为公司发布了第 1 代鲲鹏处理器——鲲鹏912，该处理器采用台积电 16nm 工艺，具有 32 个 ARM Cortex-A57 核心，频率可达 2.1 GHz，支持四通道 DDR4-2133 内存，是业界第一个基于 ARM 的 64 位 CPU。

2. 第 2 代鲲鹏处理器

2016 年，华为公司发布了第 2 代鲲鹏处理器——鲲鹏916，该处理器采用台积电 16nm 工艺，具有 32 个 ARM Cortex-A72 核心，频率可达 2.4 GHz，支持四通道 DDR4-2400 内存，支持 2 路片间互联，是业界第一个支持多路的 ARM CPU。

3. 第3代鲲鹏处理器

2019年，华为公司发布了第3代鲲鹏处理器——鲲鹏920，该处理器采用台积电7 nm工艺，具有32~64个自研TaiShan V110核心，频率可达3.0 GHz，支持八通道DDR4-3200内存，支持2路或4路片间互联，是业界第一个7 nm数据中心ARM处理器。

3.1.3 鲲鹏芯片的特点

1. 低功耗

鲲鹏芯片采用ARM架构，具有ARM架构低功耗的特点，特别是最新的鲲鹏920，其采用台积电7 nm工艺，进一步降低了功耗。

2. 并发性能好

鲲鹏芯片的集成度高，同样功能及性能占用芯片面积小，可以在一块芯片上集成更多的核心，从而显著提升并发性能，最新的鲲鹏920支持最多64个核心。

3. 执行速度快

鲲鹏芯片大量使用寄存器，大多数数据操作都在寄存器中完成，指令执行速度更快。

4. 执行效率高

鲲鹏芯片采用RISC指令集，指令长度固定，寻址方式灵活简单，执行效率高。

3.2 鲲鹏硬件

3.2.1 鲲鹏CPU

截至2020年，华为提供的鲲鹏架构CPU有鲲鹏916和鲲鹏920两个系列。

和传统CPU相比，鲲鹏920的集成度非常高，除了包含CPU芯片，还包含RoCE网卡、SAS控制器、南桥，1块芯片相当于传统的4块芯片。

鲲鹏920兼容ARMv8.2指令集，还内置了加速器，包括安全套接层（Secure Socket Layer，SSL）加速引擎、加（解）密加速引擎、压缩（解压缩）加速引擎，执行相关处理时，效率可以得到极大提升。

鲲鹏CPU除了上述用于服务器的CPU，华为公司还提供适用桌面计算机的鲲鹏CPU，这些CPU也属于鲲鹏920系列，其核心数较少，有4核心、8核心等型号。目前，华为公司尚没有公开这些CPU的具体参数。

3.2.2 鲲鹏主板

华为公司对外提供的鲲鹏主板分为服务器主板和PC主板两个系列，其中服务器主板有3个型号，分别是S920X00、S920X01和S920S00。S920X00服务器主板支持2个鲲鹏920处理器，其外形如图3-1所示。

PC主板有2个型号，分别是D920L10和D920L11，其中D920L10主板的外形如图3-2所示。

图 3-1　S920X00 服务器主板

图 3-2　D920L10 主板

3.2.3　泰山服务器

鲲鹏服务器分为两大类：一类是华为自研的泰山（TaiShan）服务器，另一类是合作厂商基于华为提供的鲲鹏 CPU 和鲲鹏主板生产的自有品牌服务器。

泰山服务器按照所使用的 CPU 系列的不同，可分为使用鲲鹏 916 的泰山 100 系列和使用鲲鹏 920 的泰山 200 系列。

泰山服务器按照使用场景分为 5 个规格，分别如下。

1. 均衡型

均衡型服务器在空间、存储、性能方面采取了折中设计，适合大数据、分布式存储等应用，是在数据中心广泛使用的一款服务器。

均衡型服务器的代表是泰山 2280，如图 3-3 所示，其具有 2U2 路的典型服务器规格，支持 2 个鲲鹏 920 处理器，32 个 DDR4 内存，最大支持内存 4 TB。

泰山 2280 扩展性也很强，支持 Atlas 300 AI 加速卡，提供了强大的 AI 算力，另外还支持 ES3000 V5 NVMe SSD，实现了高性能、大容量的分级存储。

图 3-3　泰山 2280

2. 高密型

高密型服务器可以在有限的空间内拥有尽可能多的处理能力，适合大规模数据中心及高性能计算的要求。

高密型服务器的代表是泰山 X6000，如图 3-4 所示，它具有 2U4 节点规格，支持 4 个 XA320 计算节点，每个计算节点支持 2 个鲲鹏 920 处理器，16 个 DDR4 内存，2~6 个 2.5 英寸 SAS/SATA 硬盘。

泰山 X6000 高密特性的发挥，离不开另外两个强项，也就是支持 3 000 W 电源及液冷散热，这两项是超强计算能力的运行保证。

图 3-4　泰山 X6000

3. 高性能型

高性能型服务器偏重计算，在一个服务器里支持多路 CPU，适合高性能计算、数据库、虚拟化等业务场景。

高性能型服务器的代表是泰山 2480，如图 3-5 所示，它具有 2U4 路的规格，支持 4 个鲲鹏 920 处理器，32 个 DDR4 内存。

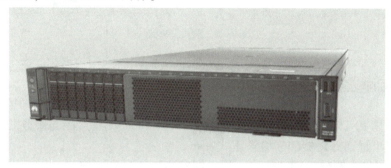

图 3-5　泰山 2480

4. 存储型

存储型服务器偏重数据存储，能提供海量的存储空间，是分布式存储等业务场景的首选。

存储型服务器的代表是泰山 5280，如图 3-6 所示，它具有 4U 双路规格，支持 2 个鲲鹏 920 处理器，最多 32 个 DDR4 内存，最重要的是它支持 40 个 3.5 英寸硬盘，本地存储容量可以达到 560 TB。最新的泰山 5290 对存储又进行了优化，可以支持多达 72 个 3.5 英寸硬盘。

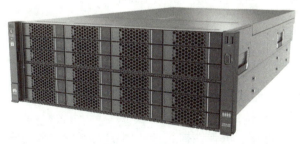

图 3-6　泰山 5280

5. 边缘型

边缘型服务器是为了适应边缘计算而定制的服务器，在一些特定的场景，如物联网领域，需要把一部分计算下沉到边缘，也就是在靠近设备的位置做计算，这部分计算本身对性能要求不是特别高，但是服务器运行环境不太理想，可能没有恒温及恒湿的机房，这就要求服务器对环境适应性比较强。

边缘型服务器的代表是泰山 2280E，如图 3-7 所示，它具有 2U 双路规格，支持 2 个鲲鹏 920 处理器，最多 16 个 DDR4 内存，环境适应温度范围比较大，常规的服务器工作温度一般在 5~35℃，而泰山 2280E 的工作温度可以达到 0~45℃，短时间内可以工作在-5~55℃的环境中。

图 3-7　泰山 2280E

3.3　鲲鹏基础云服务

2019 年 9 月 19 日，在华为全联接大会上，华为 Cloud&AI 产品与服务总裁进行了主题演讲，69 款基于鲲鹏处理器的云服务正式发布。

华为云基于华为鲲鹏处理器架构，提供鲲鹏高性能计算、鲲鹏 BMS、鲲鹏 CCE、鲲鹏 CCI 等 69 款鲲鹏云服务和鲲鹏专属云、鲲鹏高性能计算、鲲鹏大数据、鲲鹏企业应用、鲲鹏原生应用等 20+解决方案，面向政府、金融、大企业、互联网等全行业多场景。

3.3.1　鲲鹏弹性云服务器

鲲鹏弹性云服务器（ECS）是由 CPU、内存、操作系统、EVS 组成的最基础的计算组件，是鲲鹏基础云服务之一，也是用户可以直接感知到鲲鹏的最重要的服务。

鲲鹏 ECS 可以根据业务需求和伸缩策略，自动调整计算资源；可以根据自身需要自定义服务器配置，灵活地选择所需的内存、CPU、带宽等配置，帮助用户打造可靠、安全、灵活、高效的应用环境。

1. 鲲鹏 ECS 的优势

鲲鹏 ECS 的优势：稳定可靠、安全保障、软硬结合、弹性伸缩。

1）稳定可靠

（1）丰富的磁盘种类。鲲鹏 ECS 提供普通 I/O、高 I/O、通用型 SSD、超高 I/O、极速型 SSD 类型的 EVS，可以支持云服务器不同业务场景需求。

①普通 I/O。安全、可靠、可弹性扩展，适用于大容量，读写速率要求不高，事务性处理较少的应用场景。

②高 I/O。高性能、高扩展、高可靠，适用于性能相对较高，读写速率要求高，有实时数据存储需求的应用场景。

③通用型 SSD。高性价比，适用于高吞吐、低时延的企业办公。

④超高 I/O。低时延、高性能，适用于高性能，高读写速率要求，读写密集型的应用场景。

⑤极速型 SSD。采用了结合全新低时延拥塞控制算法的远程直接数据存取（Remote Direct Memory Access，RDMA）技术，适用于需要超大带宽和超低时延的应用场景。

（2）高数据可靠性。基于分布式架构的、可弹性扩展的虚拟块存储服务；具有高数据可靠性，高 I/O 吞吐能力，能够保证任何一个副本故障时能快速进行数据迁移恢复，避免单一硬件故障造成数据丢失。

（3）支持云服务器和 EVS 的备份及恢复。可预先设置好自动备份策略，实现在线自动备份；也可以根据需要随时通过控制台或 API 备份云服务器和 EVS 指定时间点的数据。

2）安全保障

（1）多种安全服务，多维度防护。Web 应用防火墙、漏洞扫描等多种安全服务提供多维度防护。

（2）安全评估。提供对用户云环境的安全评估，帮助用户快速发现安全弱点和威胁，同时提供安全配置检查，并给出安全实践建议，有效减少或避免由于网络中病毒和恶意攻击带来的损失。

（3）智能化进程管理。提供智能的进程管理服务，基于可定制的白名单机制，自动禁止非法程序的执行，保障 ECS 的安全性。

（4）漏洞扫描。支持通用 Web 漏洞检测、第三方应用漏洞检测、端口检测、指纹识别等多项扫描服务。

3）软硬结合

（1）搭载专业的硬件设备。ECS 搭载在专业的硬件设备上，能够深度进行虚拟化优化技术，用户无须自建机房。

（2）随时获取虚拟化资源。可随时从虚拟资源池中获取并独享资源，并根据业务变化弹性扩展或收缩，像使用本地 PC 一样在云上使用 ECS，确保应用环境的可靠、安全、灵活、高效。

4）弹性伸缩

（1）自动调整计算资源。鲲鹏 ECS 可通过动态伸缩和定时伸缩自动调整计算资源。

①动态伸缩。基于伸缩组监控数据，随着应用运行状态，动态增加或减少 ECS 实例。

②定时伸缩。根据业务预期及运营计划等，制订定时及周期性策略，按时自动增加或减少 ECS 实例。

（2）灵活调整云服务器配置。规格、带宽可根据业务需求灵活调整，高效匹配业务要求。

（3）灵活的计费模式。支持以包年、包月、按需计费、竞价计费等模式购买 ECS，满足不同应用场景，根据业务波动随时购买和释放资源。

2. 鲲鹏 ECS 的类型

针对不同的场景有不同的鲲鹏 ECS 类型，目前有鲲鹏通用计算增强型、鲲鹏内存优化型、鲲鹏超高 I/O 型和鲲鹏 AI 加速型。

（1）鲲鹏通用计算增强型 ECS。

KC1 型 ECS 搭载鲲鹏 920 处理器及 25GE 智能高速网卡，提供强劲鲲鹏算力和高性能网络，更好满足政府、互联网等各类企业对云上业务高性价比、安全可靠等诉求。

KC1 型 ECS 适用于对自主研发、安全隐私要求较高的政企金融场景，对网络性能要求较高的互联网场景，对核数要求较多的大数据、高性能计算场景，对成本比较敏感的建站、电商等场景。

（2）鲲鹏内存优化型 ECS。

KM1 型 ECS 搭载鲲鹏 920 处理器及 25GE 智能高速网卡，提供最大 480 GB 基于 DDR4 的内存实例和高性能网络，擅长处理大型内存数据集和高网络场景。

KM1 型 ECS 适用于大数据分析，如广告精准营销、电商、车联网等大数据分析场景，内存存储系统，如 MemCache 等。

（3）鲲鹏超高 I/O 型 ECS。

鲲鹏超高 I/O 型弹性云服务器使用高性能 NVMe SSD 本地磁盘，提供高存储 IOPS 以及低读写时延，可以通过管理控制台创建挂载有高性能 NVMe SSD 本地磁盘的 ECS。鲲鹏超高 I/O 型单盘大小为 3.2 TB。

鲲鹏超高 I/O 型 ECS 适用于高性能关系数据库，非关系数据库（Cassandra、MongoDB 等）以及 ElasticSearch 搜索等场景。

（4）鲲鹏 AI 加速型 ECS。

鲲鹏 AI 加速型 ECS 是专门为 AI 业务提供加速服务的云服务器，搭载昇腾系列芯片及软件栈。

鲲鹏 AI 推理加速型系列云服务器搭载昇腾 310 芯片，为 AI 推理业务加速。

鲲鹏 AI 推理加速型实例 kAi1s 是以华为昇腾 310（Ascend310）芯片为加速核心的 AI 加速型 ECS。基于 Ascend310 芯片低功耗、高算力特性，实现了能效比的大幅提升，助力 AI 推理业务的快速普及。通过鲲鹏 AI 推理加速型实例 kAils，将 Ascend310 芯片的计算加速能力在公有云上开放出来，方便用户快速、简捷地使用 Ascend310 芯片强大的处理能力。

鲲鹏 AI 推理加速型实例 kAi1s 基于 Altas300 加速卡设计。

鲲鹏 AI 推理加速型 ECS 可用于机器视觉、语音识别、自然语言处理通用技术，支撑智能零售、智能园区、机器人云大脑、平安城市等场景。

3.3.2　鲲鹏裸金属服务器

鲲鹏裸金属服务器（BMS）是一款兼具虚拟机弹性和物理机性能的计算类服务，为用户和企业提供专属的云上物理机，为核心数据库、关键应用系统、高性能计算、大数据等业务提供卓越的计算性能以及数据安全；用户可灵活申请，按需使用。

在华为云上开通 BMS 是自助完成的，只需要指定具体的服务器类型、镜像、所需要的网络配置等，即可在 30 min 内获得所需的 BMS。

鲲鹏 BMS 的产品架构如图 3-8 所示，通过和其他服务组合，BMS 可以实现计算、存储、网络、镜像安装等功能。

（1）BMS 在不同可用区中部署（可用区之间通过内网连接），部分可用区发生故障后不会影响同一区域内的其他可用区。

（2）可以通过 VPC 建立专属的网络环境，设置子网、安全组，并通过弹性公网 IP 实现外网链接（需带宽支持）。

（3）通过镜像服务，可以对 BMS 安装镜像，也可以通过私有镜像批量创建 BMS，实现快速的业务部署。

（4）通过 EVS 实现数据存储，通过 EVS 备份服务实现数据的备份和恢复。

（5）云监控是保持 BMS 的可靠性、可用性的重要部分，通过云监控，用户可以观察 BMS 资源。

（6）CBR 提供对 EVS 和 BMS 的备份保护服务，支持基于快照技术的备份服务，并支持利用备份数据恢复服务器和磁盘的数据。

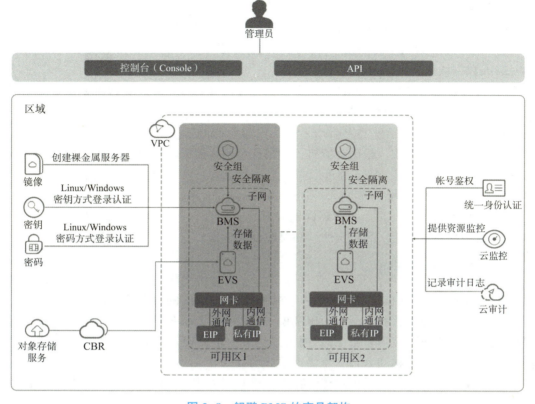

图 3-8 鲲鹏 BMS 的产品架构

1. 鲲鹏 BMS 的优势

鲲鹏 BMS 具有以下优势。

（1）安全可靠。

鲲鹏 BMS 是用户专属的计算资源，支持 VPC、安全组隔离；支持主机安全相关组件集成；基于擎天架构的 BMS 支持云磁盘作为系统盘和数据盘，支持硬盘备份恢复能力；支持对接专属存储，满足企业数据安全和监管的业务安全和可靠性诉求。

（2）性能卓越。

BMS 继承物理机的特征，无虚拟化开销和性能损失，100% 释放算力资源。结合华为自研擎天软硬协同架构，支持高带宽、低时延云存储、云网络访问性能；满足企业数据库、大数据、容器、高性能计算、AI 等关键业务部署密度和性能诉求。

（3）敏捷的部署效率。

鲲鹏 BMS 基于擎天加速硬件支持云磁盘作为系统盘快速发放；分钟级资源发放，基于统一 Console 控制台、开放 API 和 SDK，支持自助式资源生命周期管理和运维。

（4）云服务和解决方案快速集成。

鲲鹏 BMS 基于统一的 VPC 模型，支持公有云云服务的快速机型；帮助企业客户实现数据库、大数据、容器、高性能计算、AI 等关键业务云化解决方案集成和加速业务云化上线效率。

2. 鲲鹏 BMS 的应用场景

鲲鹏 BMS 的主要应用场景有以下几个。

(1)数据库场景。

政企、金融关键的数据库业务必须通过资源专享、网络隔离、性能有保障的物理服务器承载。鲲鹏 BMS 为用户提供独享的高性能的物理服务器，满足业务需求。

(2)大数据场景。

互联网大数据相关业务，包含大数据存储、分析等典型业务。支持鲲鹏裸金属本地存储和结合 OBS 服务的存算分离方案。

(3)容器场景。

互联网弹性业务负载。相比虚拟机，鲲鹏裸金属容器提供更高的部署密度、更低的资源开销、更加敏捷的部署效率。基于云原生技术帮助客户实现降低云化成本目标。

(4)高性能计算/AI 场景。

超算、基因测序、人工智能等高性能计算场景，处理的数据量大，鲲鹏 BMS 满足业务对服务器的高计算性能、高稳定性、高实时性的诉求。

3.3.3 鲲鹏云手机

鲲鹏云手机(以下简称云手机)是基于鲲鹏 BMS 虚拟出的带有原生安卓操作系统，同时具有虚拟手机功能的云服务器。简单来说，云手机=云服务器+Android 操作系统。可以远程实时控制云手机，实现安卓 APP 的云端运行；也可以基于云手机的基础算力，高效搭建应用，如云游戏、移动办公、直播互娱等场景。

作为一种新型服务，云手机对传统物理手机起到了非常好的延展和补充作用，让移动应用不但可以在手机上运行，还可以在云端智能运行。

1. 云手机的优势

云手机有以下优势。

(1)降本增效。

面向如 APP 仿真测试等互联网行业场景，单台手机的处理效率非常有限，通过云手机的方式，可大幅简化人工操作和降低设备采购维护成本。

(2)安全保障。

云手机的应用数据运行在云上，面向政府、金融等信息安全诉求较高的行业，可以提供更加安全高效的移动办公解决方案。员工使用云手机登录办公系统，可以将公私数据分离，企业也可对云手机进行智能管理，降本增效的同时，信息安全也更加有保障。

(3)探索游戏、直播行业新可能。

云手机还可以为游戏、直播等行业提供全新的互动体验方式，开拓新的商业模式和市场空间。以云手游场景为例，因为游戏的内容实际是在云上虚拟手机上运行，可以提前安装部署和动态加载，所以对于最终玩家来说，游戏可以做到无须下载，即点即玩，大幅提高玩家转换率，同时可以让中低配手机用户流畅运行大型手游，增大游戏覆盖的用户范围。

云手机产品架构可以分为 3 个部分，即云手机侧、终端设备侧以及用户业务侧，如图

3-9 所示。

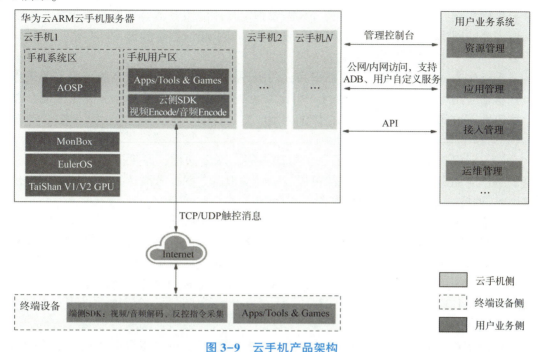

图 3-9　云手机产品架构

云手机基于华为泰山 ARM 服务器实现，集成多张高性价比的专业 GPU 显卡，可提供专业的图形图像处理能力。泰山服务器中运行了 EulerOS 作为 HostOS，在 HostOS 中通过自研 Monbox 技术生成容器，在容器中运行 AOSP（Android Open Source Project）系统，从而虚拟出多台云手机。由于泰山服务器基于 ARM 架构，而手机系统也基于 ARM 架构，所以减少了指令集转换所带来的翻译算力损耗，用户可以获得更好的使用体验。

云手机提供了视频、音频以及触控 SDK。用户可以基于终端设备开发相应的 APP 来获取云手机的音频、视频，也可以采集触控指令，如触摸屏、滑动、单击等操作指令，从而在云手机上来执行。

在用户业务侧，用户通过管理控制台、API、ADB 端口及其他自定义端口，可以对云手机进行资源管理、应用管理、接入管理和运维管理等。

云手机的使用对象以企业用户为主，用户应了解基本的计算机基础知识，并具有一定的开发能力，以便基于云手机进行二次开发。个人用户如果想试玩或执行一些简单操作，也可以购买云手机进行使用，官方会提供相应的操作指导和专家协助。

2. 云手机服务的访问方式

云平台提供了基于 HTTPS 请求的 API 方式和 Web 化的服务管理系统（即管理控制台）方式。

（1）API 方式。

如果用户需要将云手机集成到第三方系统，用于二次开发，则使用 API 方式访问云手机服务。

（2）管理控制台方式。

其他相关操作，如购买、连接云手机实例，可以使用管理控制台方式访问云手机服务。

云手机实例以服务器为单位购买，只需要指定具体的服务器类型、实例规格、手机镜像、所需要的网络配置等，即可获得一台服务器，以及相应数量的云手机实例。

3. 云手机的特点

云手机作为一种新型服务，依靠华为云的服务器底座、创新技术及周边服务的天然优势，让移动应用可以在云端智能运行。相比常见的手机模拟方案，云手机在性能、兼容性、稳定性等方面均有突出的表现，详细如下。

（1）业界首家。

公有云业界首家 ARM-Based 云手机解决方案，端云同构，原生应用运行无须指令集翻译，手机应用高度兼容，运行性能可以较 x86 模拟器方案提升高达 80%。同时，提供专业级 GPU 加速，无压力运行大型游戏。

（2）云化增强。

依靠华为云的集群化部署和运营能力，无缝对接多种公有云服务，支持用户数据秒级挂载和数据持久化，数据云上处理更加安全，更好满足企业级大规模应用。

跟随华为云进行云上升级换代，无须承担折旧成本，时刻保持业界最领先的云手机产品，帮助用户长期稳定发展。

（3）弹性灵活。

可根据用户需求灵活配置云手机规格，并可按需购买，更好应对企业业务发展的不确定性。支持批量发放云手机，支持重启、重置、开关机等操作，让用户在云上管理更便捷。

（4）创新技术。

①独家 Monbox 软件技术架构，让单服务器云手机密度提升一倍，接入流量降低 70%，同时拥有媲美真机的响应时延。

②华为独有的 AVS3 视频信源编码技术，可大幅降低云上渲染带宽消耗。

③创新指令流分离渲染技术，为大屏带来高清画质。

（5）安全升级。

业务数据存于云端，无须传到本地，结合 Anti-DDoS 流量清洗、态势感知等多种安全服务，实现企业级云上安全防护，让用户的信息多一层专业级保护。

4. 云手机的应用场景

云手机的应用场景有以下 4 个。

（1）云游戏。

云游戏作为游戏行业的热门发展方向，通过视频流化的方式面向玩家提供免下载、脱离手机性能的一种游戏服务方式，其本身包含了 PC 游戏的流化和移动游戏的流化。云手机作为云端仿真手机，可以发挥移动游戏指令同构的优势，在云端承载游戏应用。

手机游戏 APP 安装在云手机中，通过将云手机的音视频画面进行流化编码输出到客户端进行显示，同时接收客户端的操作指令控制云手机中的游戏；登录服务器集群采取弹性负载均衡及弹性伸缩设计，能够轻松应对超大规模并发的场景；云手机可分布部署在各大中心节点及边缘云当中，有效降低用户互动体验的时延，做到最佳体验及最优带宽性价比，如图 3-10 所示。

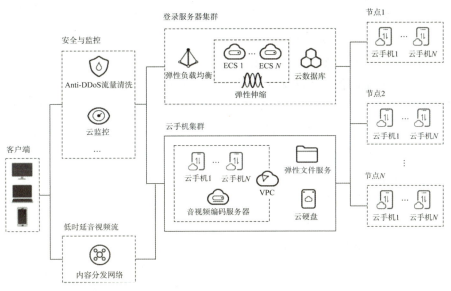

图 3-10　云游戏场景架构

（2）移动办公。

随着移动应用的普及，越来越多的企业开始通过移动终端接入办公，这给企业带来了方便，同时也带来了数据安全的隐患。采购定制安全手机虽然可以增强安全性，但仍然无法防止敏感数据泄露。基于云手机的移动办公应用可以将企业核心数据留在云端，仅将手机画面向授权员工开放。

企业应用 APP 上传至对象存储以后，批量安装在云手机中，通过将云手机的音视频画面进行流化编码输出到客户端进行显示，同时接收客户端的操作指令控制云手机中的应用，企业数据留在云端，更为安全可靠；登录/用户业务服务器集群采取弹性负载均衡及弹性伸缩设计，能够轻松应对超大规模并发的场景；云手机可分布部署在各大中心节点及边缘云当中，有效降低用户互动体验的时延，做到最佳体验及最优带宽性价比，如图 3-11 所示。

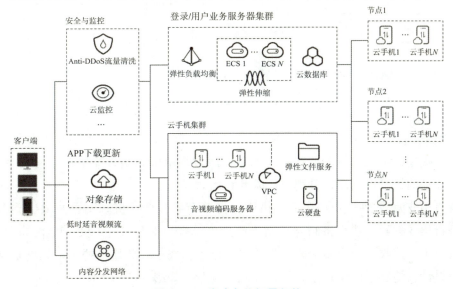

图 3-11　移动办公场景架构

（3）APP 仿真测试。

手机通常主要面向个人提供服务，但随着移动应用越来越多，其数量越来越庞大，企业在特定的场景下也需要大量的、运行在手机上的移动应用 APP 来完成自动化或智能化的功能，为此需要大量的仿真手机来承载此类 APP 的运行。

手机应用 APP 安装在云手机中，通过企业事先编排好的编程脚本自动化地控制手机运行一个或多个 APP，通过拟人化的脚本操作，实现多种多样的场景应用；可在 ECS 中构建企业自身的云手机管理运维平台、营销系统或自动化脚本平台等，并通过两个独立的 VPC 分别进行控制；云手机中的应用程序 APP 可通过对象存储集中存放，从而节省大量应用程序安装或更新时的网络带宽消耗；丰富多样的安全与监控服务可给客户业务系统提供齐全且安全的防护措施，保障业务的稳定运行，如图 3-12 所示。

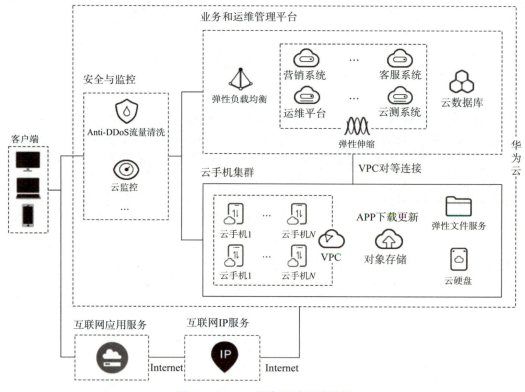

图 3-12　APP 仿真测试场景架构

（4）直播互娱。

直播互娱是云手机的一个创新应用场景，通过将手机画面直播给多个参与者的方式，提供多人互动的场景应用，提升用户体验和直播效果。

手机应用或游戏 APP 安装在云手机中，将单个或多个手机画面合并输出到混合编码服务器进行集成编码，然后将画面复制推流到多个客户端（PC、手机、PAD 等）上进行显示，同时云手机接收一个或多个客户端的操作指令；登录服务器集群采取弹性负载均衡及弹性伸缩设计，能够轻松应对超大规模并发的场景，如图 3-13 所示。

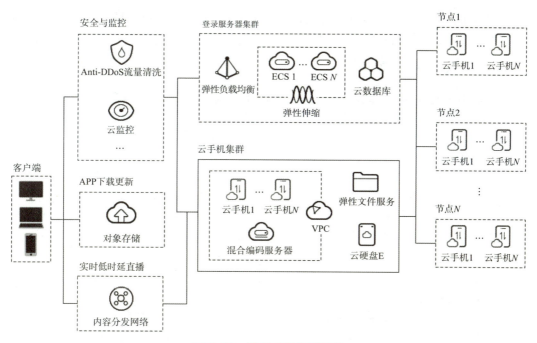

图3-13 直播互娱场景架构

3.4 鲲鹏云容器

作为最早的采用者之一，华为公司自2013年起就在内部多个产品落地K8s，并在这个过程中积累了丰富的实践经验，在历经自身亿级用户量考验的实践后，面向企业用户提供了全栈容器服务。目前，鲲鹏云容器及相关服务已覆盖CNCF技术全景图中的7个类别，共16款产品，如图3-14所示，包括云容器引擎（CCE）、云容器实例（Cloud Container Instance，CCI）、应用编排服务（Application Orchestration Service，AOS）、容器镜像服务（SoftWare Repository for Container，SWR）、应用运维管理（Application Operations Management，AOM）等。

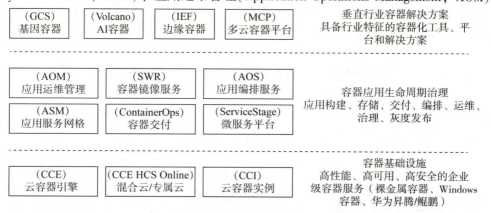

图3-14 鲲鹏云容器架构

鲲鹏云容器服务的优势有以下3个。

（1）简单易用。可通过Web界面一键部署Kubernetes（简称K8s）集群；深度集成应用服务网格和Helm标准模板，真正实现开箱即用。

（2）高性能。采用高性能裸金属 NUMA 架构和高速 IB 网卡，AI 计算能力提升 3~5 倍。

（3）安全可靠。搭载自研 AI 芯片鲲鹏 920；集群控制面支持 3 Master HA 高可用。

3.4.1 云容器引擎

云容器引擎（CCE）提供高度可扩展的、高性能的企业级 K8s 集群，支持运行 Docker 容器，提供了 K8s 集群管理、容器应用全生命周期管理、应用服务网格、Helm 应用模板、插件管理、应用调度、监控与运维等容器全栈能力，为用户提供一站式容器平台服务。借助 CCE，客户可以在华为云上轻松部署、管理和扩展容器化应用程序。

1. CCE 的优势

CCE 是基于业界主流的 Docker 和 K8s 开源技术构建的容器服务，提供众多契合企业大规模容器集群场景的功能，在系统可靠性、高性能、开源社区兼容性等多个方面具有独特的优势，满足企业在构建容器云方面的各种需求。CCE 的优势如下。

（1）简单易用。

①通过 Web 界面一键创建 K8s 集群，支持管理虚拟机节点或裸金属节点，支持虚拟机与物理机混用场景。

②一站式自动化部署和运维容器应用，整个生命周期都在容器服务内一站式完成。

③通过 Web 界面轻松实现集群节点和工作负载的扩容和缩容，自由组合策略以应对多变的突发浪涌。

④通过 Web 界面一键完成 K8s 集群的升级。

⑤深度集成应用服务网格和 Helm 标准模板，真正实现开箱即用。

（2）高性能。

①基于华为在计算、网络、存储、异构等方面多年的行业技术积累，提供业界领先的高性能 CCE，支撑业务的高并发、大规模场景。

②采用高性能裸金属 NUMA 架构和高速 IB 网卡，AI 计算性能提升 3~5 倍。

（3）安全可靠。

①高可靠。集群控制面支持 3 Master HA 高可用，即 3 个 Master 节点可以处于不同可用区，保障业务高可用，如图 3-15 所示。集群内节点和工作负载支持跨可用区部署，帮助用户轻松构建多活业务架构，保证业务系统在主机故障、机房中断、自然灾害等情况下可持续运行，获得生产环境的高稳定性，实现业务系统零中断。

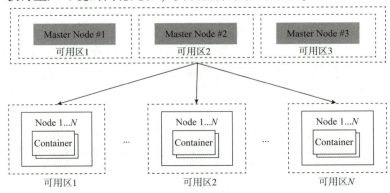

图 3-15 集群高可用

②高安全。私有集群，完全由用户掌控，并深度整合华为云账号和 K8s RBAC 能力，支持用户在界面为子用户设置不同的基于角色的访问控制（Role-Based Access Control，

RBAC)权限。

（4）开放兼容。

①CCE 在 Docker 技术的基础上，为容器化的应用提供部署运行、资源调度、服务发现和动态伸缩等一系列完整功能，提高了大规模容器集群管理的便捷性。

②CCE 基于业界主流的 K8s 实现，完全兼容 K8s/Docker 社区原生版本，与社区最新版本保持紧密同步，完全兼容 K8s API 和 kubectl。

2. CCE 的应用场景

CCE 的应用场景有以下 3 个。

（1）秒级弹性伸缩。

电商客户在促销、限时秒杀等活动期间，顾客访问量激增，需及时、自动扩展云计算资源。视频直播客户业务负载变化难以预测，需要根据 CPU 和内存的使用率进行实时扩缩容。例如，游戏客户每天 12：00 及 18：00—23：00 的需求增长，需要定时扩容。CCE 可根据用户的业务需求预设策略来自动调整计算资源，使云服务器或容器数量自动随业务负载增长而增加，随业务负载降低而减少，保证业务平稳健康运行，节省成本。

CCE 提供如下特性，能够很好地支持这类场景。

①自由灵活。支持多种策略配置，业务流量达到扩容指标，秒级触发容器扩容操作。

②高可用。自动检测伸缩组中实例运行状况，启用新实例替换不健康实例，保证业务健康可用。

③低成本。只按照实际用量收取云服务器费用。

建议搭配使用 CCE 中的 autoscaler 插件（集群自动扩缩容）+应用运维管理（AOM）+工作负载伸缩。图 3-16 所示为某企业使用 CCE 部署自己的业务，搭配 CCE 中的 autoscaler 插件实现集群自动扩缩容，当公司业务访问量激增时，能及时增加集群的资源，同时结合 AOM 实现集群内容器的增加或减少，保障业务平稳运行。

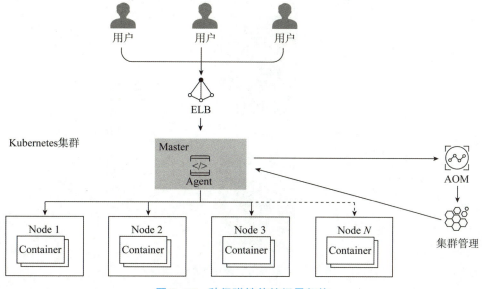

图 3-16 秒级弹性伸缩场景架构

（2）微服务流量治理。

伴随着互联网技术的不断发展，各大企业的系统越来越复杂，传统的系统架构越来越不能满足业务的需求，取而代之的是微服务架构。微服务是将复杂的应用切分为若干服务，每个服务均可以独立开发、部署和伸缩；微服务和容器组合使用，可进一步简化微服务的交付，提升应用的可靠性和可伸缩性。

随着微服务的大量应用，其构成的分布式应用架构在运维、调试和安全管理等维度变得更加复杂。在管理微服务时，往往需要在业务代码中添加微服务治理相关的代码，这样会导致开发人员不能专注于业务开发，还需要考虑微服务治理的解决方案，并且将解决方案融合到其业务系统中。

CCE 深度集成应用服务网格，提供开箱即用的应用服务网格流量治理能力，用户无须修改代码，即可实现灰度发布、流量治理和流量监控能力。

CCE 提供以下特性，能够很好地支持这类场景。

①开箱即用。用户使用 CCE 可实现无缝对接，一键开启后即可提供非侵入的智能流量治理解决方案。

②策略化智能路由。用户无须修改代码，即可实现 HTTP、TCP 等服务连接策略和安全策略。

③流量治理可视化。CCE 基于无侵入的监控数据采集，深度整合华为云应用性能管理（Application Performance Management，APM）能力，提供实时流量拓扑、调用链等服务性能监控和运行诊断，构建全景的服务运行视图，可实时、一站式观测服务流量健康和性能状态。

建议搭配使用弹性负载均衡（ELB）+应用服务网络（ASM）+应用运维管理（AOM）。如图 3-17 所示为某企业使用 CCE 部署自己的业务实验微服务流量治理，用户访问业务时，通过 ELB 实现流量的负载，ASM 是基于开源的 Istio 推出的服务网格平台，能无缝对接 CCE，为用户提供开箱即用的上手体验，从而实现微服务治理。

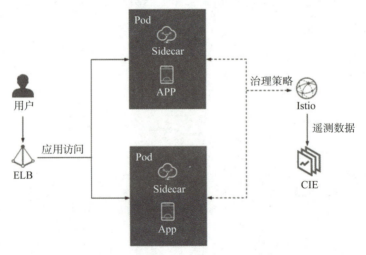

图 3-17　微服务流量治理场景架构

（3）混合云架构。

混合云架构可以根据不同的业务需求和数据敏感性，将应用和数据分布在公有云和私有云或不同厂商的公有云之间，以实现更灵活、安全和高效的云上计算环境。以下是一些适合采用混合云架构的应用场景。

①多云部署、容灾备份。为保证业务高可用，需要将业务同时部署在多个云的容器服务上，在某个云出现事故时，通过统一流量分发的机制，自动将业务流量切换到其他云上。

②流量分发、弹性伸缩。大型企业客户需要将业务同时部署在不同地域的云机房中，并能自动弹性扩容和缩容，以节约成本。

③业务上云、数据库托管。对于金融、安全等行业用户，业务数据的敏感性要求将数据业务保留在本地的 IDC 中而将一般业务部署在云上，并需要进行统一管理。

④开发与部署分离。出于 IP 安全的考虑，用户希望将生产环境部署在公有云上，而将开发环境部署在本地的 IDC 中。

CCE 利用容器环境无关的特性，将私有云和公有云容器服务实现网络互通和统一管理，应用和数据可在云上、云下无缝迁移，并可统一运维多个云端资源，从而实现资源的灵活使用以及业务容灾等目的。

CCE 提供如下特性，能够很好地支持这类场景。

①云上容灾。通过 CCE，可以将业务系统同时部署在多个云的容器服务上，通过统一流量分发的机制，单云故障后能够自动将业务流量切换到其他云上，并能快速自动解决现网事故。

②流量自动分发。通过 CCE 的统一流量分发机制，实现应用访问流量的地域亲和，降低业务访问时延，并需要能够将线下 IDC 中的业务在云上扩展，可根据业务流量峰值情况，自动弹性扩容和缩容。

③计算与数据分离，能力共享。通过 CCE，用户可以实现敏感业务数据与一般业务数据的分离，可以实现开发环境和生产环境的分离，可以实现特殊计算能力与一般业务的分离，并能够实现弹性扩展和集群的统一管理，达到云上、云下资源和能力的共享。

④降低成本。业务高峰时，利用公有云资源池快速扩容，用户不再需要根据流量峰值始终保持和维护大量资源，节约成本。

建议搭配使用弹性云服务器（ECS）+云专线（DC）+虚拟专用网络（VPN）+容器镜像服务（SWR）。图 3-18 所示为某企业本地数据中心和华为云端数据中心互联的混合云，本地和云端的数据中心使用 DC 和 VPN 互联，保证数据传输时的安全，云端数据中心的 Kubernets 集群中通过 ECS 搭建，通过本地数据中心创建的容器镜像上传到 SWR 快速搭建业务，从而实现云上、云下业务一致和业务安全互通。

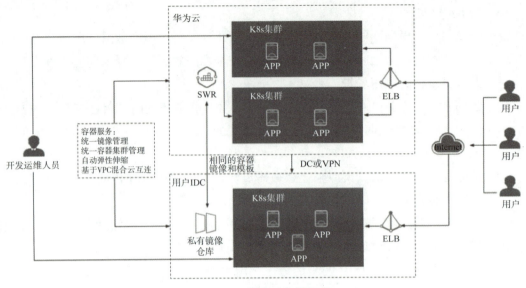

图 3-18　混合云场景架构

3.4.2　云容器实例

云容器实例(CCI)服务提供无服务器容器(Serverless Container)引擎，让用户无须创建和管理服务器集群即可直接运行容器。通过 CCI，用户只需要管理运行在 K8s 上的容器化业务，无须管理集群和服务器即可在 CCI 上快速创建和运行容器负载，使容器应用零运维，使企业聚焦业务核心，为企业提供 Serverless 化全新一代的体验和选择。

Serverless 是一种架构理念，是指不用创建和管理服务器，不用担心服务器的运行状态(服务器是否在工作等)，只需动态申请应用所需要的资源，把服务器留给专门的维护人员管理和维护，进而专注于应用开发，提升应用开发效率，节约企业 IT 成本。传统上使用K8s 运行容器，首先需要创建运行容器的 K8s 服务器集群，然后创建容器负载。

CCI 的 Serverless 容器就是从使用角度，无须创建、管理 K8s 集群，即从使用的角度看不见服务器(Serverless)，直接通过控制台、kubectl、K8s API 创建和使用容器负载，且只需为容器所使用的资源付费，如图 3-19 所示。

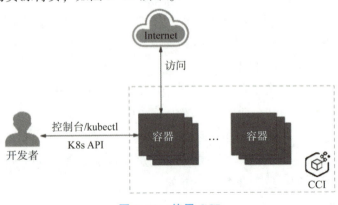

图 3-19　使用 CCI

1. CCI 的产品功能

CCI 产品功能有以下 7 个。

(1)一站式容器生命周期管理。

使用 CCI，用户无须创建和管理服务器集群即可直接运行容器。可以通过控制台、kubectl、K8s API 创建和使用容器负载，且只需为容器所使用的资源付费。

(2)支持多种类型的计算资源。

CCI 提供了多种类型的计算资源运行容器，包括 CPU、GPU(提供 NVIDIA Tesla V100、NVIDIA Tesla P4 显卡)、Ascend 芯片(华为自研 AI 芯片)。

(3)支持多种网络访问方式。

CCI 提供了丰富的网络访问方式，支持 4 层、7 层负载均衡，满足不同场景下的访问诉求。

(4)支持多种持久化存储卷。

CCI 支持将数据存储在华为云的云存储上，当前支持的云存储包括：云硬盘(EVS)、弹性文件服务(SFS)、对象存储服务(OBS)和极速文件存储卷(SFS Turbo)。

(5)支持极速弹性扩缩容。

CCI 支持用户自定义弹性伸缩策略，且能在 1 s 内实现弹性扩缩容，并可以自由组合多种弹性策略以应对业务高峰期的突发流量浪涌。

(6)全方位容器状态监控。

CCI 支持监控容器运行的资源使用率，包括 CPU、内存、GPU 和显存的使用率，方便用户实时掌控容器运行的状态。

(7)支持专属容器实例。

CCI 提供专属容器实例，基于高性能物理机运行 Kata 容器，实现虚拟机级别安全隔离，同时性能无损耗。专属容器实例租户独占物理机，支持多部门业务隔离。服务器的升级和维护工作由华为云承担，用户只需要关注自身业务。

CCI 提供 Serverless 容器服务，拥有多个异构的 K8s 集群，并集成网络、存储服务，可以让用户方便地通过控制台、kubectl、K8s API 创建和使用容器负载。

基于华为云底层网络和存储服务(VPC、ELB、NAT、云硬盘、OBS、SFS 等)，提供丰富的网络和存储功能。提供高性能、异构的基础设施(x86 服务器、GPU 加速型服务器、Ascend 加速型服务器)，容器直接运行在物理机上。使用 Kata 容器提供虚拟机级别的安全隔离，结合自有硬件虚拟化加速技术，提供高性能安全容器。多集群统一管理，容器负载统一调度，使用上无须感知集群的存在。基于 K8s 的负载模型提供负载快速部署、弹性负载均衡、弹性扩缩容、蓝绿发布等重要能力。

2. CCI 的产品优势

CCI 的产品优势有以下 4 个。

(1)随启随用。

业界领先的 Serverless 容器架构，用户无须创建 K8s 服务器集群，直接使用控制台、kubectl、K8s API 创建容器。

(2)极速弹性。

CCI 的 K8s 集群是提前创建好的，且从单一用户角度来看资源"无限大"，所以能够提供容器秒级弹性伸缩能力，让用户能够轻松应对业务的快速变化，稳健保障业务服务级别协议(Service Level Agreement，SLA)。

（3）按需、秒级计费。

CCI根据实际使用的资源数量，按需、按秒计费，避免业务不活跃时段的费用开销，降低用户成本。

（4）高安全。

CCI同时具备容器级别的启动速度和虚拟机级别的安全隔离能力，提供更好的容器体验。CCI原生支持Kata容器，可以基于Kata的内核虚拟化技术为用户提供全面的安全隔离与防护。除此之外，CCI自有的硬件虚拟化加速技术，让用户获得更高性能的安全容器。

3. CCI的应用场景

CCI的应用场景有以下4个。

（1）大数据、AI计算。

当前主流的大数据、AI训练和推理等应用(如Tensorflow、Caffe)均采用容器化方式运行，并需要大量GPU、高性能网络和存储等硬件加速能力，且都是任务型计算，需要快速申请大量资源，计算任务完成后快速释放，如图3-20所示。

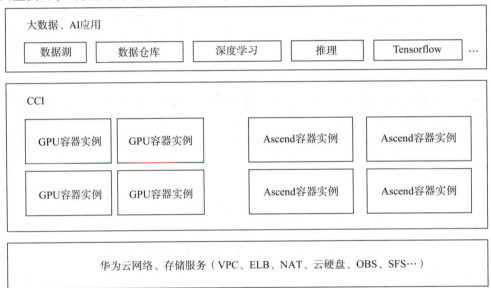

图3-20 大数据、AI计算场景架构

CCI提供如下特性，能够很好地支持这类场景。

①计算加速。提供GPU/Ascend等异构芯片加速能力。

②大规模网络容器实例调度。支持大规模、高并发的容器创建和管理。

③随启随用、按需付费。容器按需启动，并按资源规格和使用时长付费。

（2）生物基因、药物研发等科学计算。

生物基因、药物研发等领域需要高性能、密集型计算，同时对成本较敏感，需要低成本、免运维的计算平台。科学计算一般都是任务型计算，需要快速申请大量资源，完成后快速释放。

CCI提供如下特性，能够很好地支持这类场景。

①高性能计算。提供高性能计算、网络和高I/O存储，满足密集型计算的诉求。

②极速弹性。秒级资源准备与弹性，减少计算过程中的资源处理环节的消耗。

③免运维。无须感知集群和服务器，大幅简化运维工作，降低运维成本。

④随启随用、按需付费。容器按需启动，并按资源规格和使用时长付费，CCI 能够在工作流到来时秒级申请容器计算资源，计算结果存储在 OBS 或 SFS 中，当数据计算完成后，CCI 能够快速删除容器计算资源，从而节省成本，如图 3-21 所示。

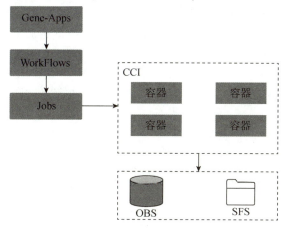

图 3-21 科学计算场景架构

（3）DevOps 持续交付。

软件开发型企业，希望构建从代码提交到应用部署的 DevOps 完整流程，提高企业应用迭代效率，如图 3-22 所示。DevOps 流程一般都是任务型计算，如企业持续集成/持续发布（CI/CD）流程自动化，需要快速申请资源，完成后快速释放。

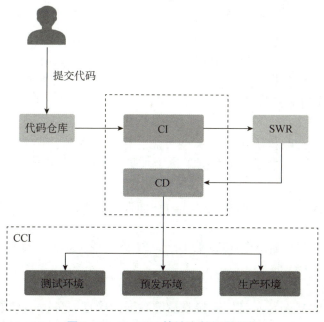

图 3-22 DevOps 持续交付场景架构

CCI 提供如下特性，能够很好地支持这类场景。

①流程自动化。无须创建和维护集群，实现 CI/CD 的全流程自动化。

②环境一致性。以容器镜像交付，可以无差别地从开发环境迁移到生产环境。

③随启随用、按需付费。容器按需启动，并按资源规格和使用时长付费。

（4）高弹性业务。

业务波峰、波谷较明显的业务，日常流量稳定，高峰期又需要快速扩展资源，并对成本有一定诉求，如视频直播、媒体资讯、电商、在线教育等应用，如图3-23所示。

CCI提供如下特性，能够很好地支持这类场景。

①快速弹性伸缩。业务处于高峰期时，能够快速从CCE弹性扩展到CCI，保障业务稳定运行。

②低成本灵活计费。业务处于平稳期时，在CCE上包周期计费，节省成本；高峰期时弹性扩容到CCI上，按需计费，高峰期结束后又可以快速释放资源，降低成本。

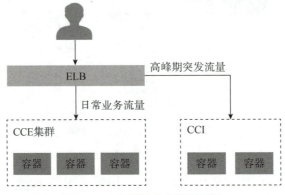

图3-23 高弹性业务场景架构

3.4.3 应用运维管理

应用运维管理（AOM）是云上应用的一站式立体化运维管理平台，实时监控用户的应用及相关云资源，采集并关联资源的各项指标、日志及事件等数据来共同分析应用的健康状态，提供灵活的告警及丰富的数据可视化功能，帮助用户及时发现故障，全面掌握应用、资源及业务的实时运行状况。

1. AOM 的架构

AOM是一个以资源数据为中心并关联日志、指标、资源、告警和事件等数据的立体运维服务。AOM从架构上主要分为数据采集接入层、传输存储层和业务计算层。

（1）数据采集接入层。

①ICAgent采集数据。给主机安装ICAgent（插件式数据采集器）并通过ICAgent上报相关的运维数据。

②API接入数据。通过AOM提供的OpenAPI接口或Exporter接口，将业务指标作为自定义指标，接入AOM。

（2）传输存储层。

①数据传输。AOM Access是用来接收运维数据的代理服务，运维数据接收上来之后，会将数据投放到Kafka队列中，利用Kafka高吞吐的能力，实时将数据传输给业务计算层。

②数据存储。运维数据经过AOM后端服务的处理，将数据写入数据库，其中Cassandra用来存储时序的指标数据，Redis用来查询缓存，ETCD用来存储AOM的配置数据，ElasticSearch用来存储资源、日志、告警和事件。

（3）业务计算层。

AOM 提供告警、日志、监控、指标等基础运维服务，也提供异常检测与分析等 AI 服务。

2. AOM 的优势

AOM 的优势可以从以下 4 个方面来分析。

（1）立体运维。提供从手机 APP、网络、应用服务、中间件到云资源的一站式立体运维平台。

（2）智能分析。智能值自动检测，机器学习历史基线数据产生告警，通过 RCA 分析找到问题根因。

（3）健康检查。实时监控业务健康状态，分钟级追踪到异常或性能瓶颈代码。

（4）开箱即用。无须修改业务代码即可接入使用，非侵入式数据采集，安全无忧。

3. AOM 的典型应用场景

AOM 应用广泛，下面介绍其两个典型的应用场景，以便读者深入了解。

（1）巡检与问题定界。

日常运维中，当遇到异常难定位、日志难获取等问题时，需要一个监控平台对资源、日志、应用性能进行全方位的监控。

AOM 深度对接应用服务，一站式收集基础设施、中间件和应用实例的运维数据，通过指标监控、日志分析、服务异常报警等功能，支持日常巡检资源、应用整体运行情况，及时发现并定界应用与资源的问题，如图 3-24 所示。

AOM 提供如下特性，能够很好地支持这类场景。

① 应用自动发现。自动部署采集器，针对应用的运行环境，主动发现应用并进行监控。

② 跨云服务的分布式应用监控。对于同时使用了多种云服务的分布式应用，提供统一的运维平台，便于用户对业务进行立体排查。

③ 告警灵活通知。提供多种异常检测策略并支持丰富的异常告警触发方式及 API。

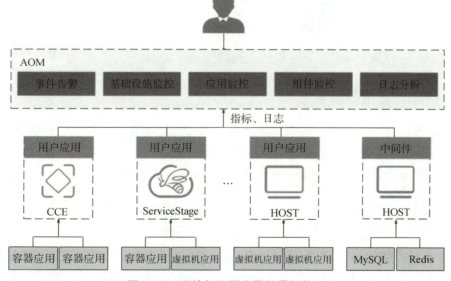

图 3-24　巡检与问题定界场景架构

（2）立体化运维。

客户在日常运维中，需要全方位掌控系统的运行状态，并快速响应各类问题。

AOM 提供从云平台到资源，再到应用的监控和微服务调用链的立体化运维分析能力。AOM 服务会定期对配置的监控项进行巡检，收集应用程序的指标数据，用户可以通过 AOM 服务的监控界面，实时查看和分析应用程序的性能数据，如图表、曲线等，并通过设置的方式接收告警通知，例如邮件、短信或即时通信工具，及时了解到应用程序的异常情况，并采取相应的措施进行处理，如图 3-25 所示。

AOM 提供以下特性，能够很好地支持这类场景。

①体验保障。实时掌控业务 KPI 健康状态，对异常事务根因进行分析。

②故障快速诊断。分布式调用追踪，快速找到异常故障点。

③资源运行保障。实时监控容器、磁盘、网络等上百种资源运维指标集群→虚拟机→应用→容器异常关联分析。

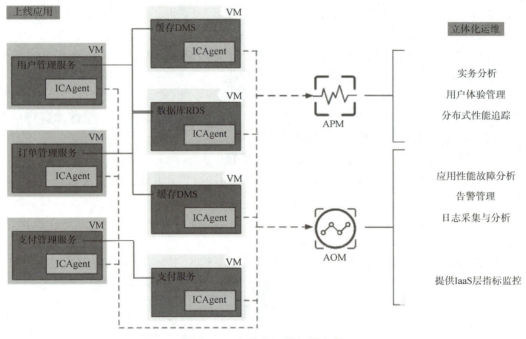

图 3-25　立体化运维场景架构

3.4.4　容器镜像服务

容器镜像服务（SWR）是一种支持容器镜像全生命周期管理的服务，提供简单易用、安全可靠的镜像管理功能，帮助用户快速部署容器化服务。SWR 同时提供镜像流水线功能，用户可以方便地从代码直接构建容器镜像，加速应用云化流程。

1. SWR 的特性

SWR 具有以下特性。

（1）云原生制品托管。

SWR 支持多架构容器镜像（如 Linux、Windows、ARM 等架构），支持 HelmChart，以及其他符合解密开放容器计划（Open Container Initiative，OCI）规范的云原生制品管理。

（2）多维度安全保障。

SWR 支持网络访问控制、细粒度权限控制与操作审计，保障访问安全；支持镜像加签、镜像安全扫描、高危镜像部署阻断，保障数据安全。

（3）多地域极速分发。

SWR 支持全球多地域间同步，提高容器镜像分发效率；依托镜像免加载技术，显著降低大规模集群拉取镜像时间，保障业务的极速部署与快速扩展。

通过使用 SWR，用户无须自建和维护镜像仓库，即可享有云上的镜像安全托管及高效分发服务，并且可配合 CCE、CCI 使用，获得容器上云的顺畅体验。

2. SWR 的优势

SWR 具有以下 3 个优势。

（1）简单易用。

用户无须自行搭建和运维，即可快速推送拉取容器镜像。SWR 的管理控制台简单易用，支持镜像的全生命周期管理。

（2）安全可靠。

SWR 遵循 HTTPS 保障镜像安全传输，提供账号间、账号内多种安全隔离机制，确保用户数据访问的安全。SWR 依托华为专业存储服务，确保镜像存储更可靠。

（3）镜像加速。

SWR 通过华为自主专利的 P2P 镜像下载加速技术，使 CCE 集群下载时在确保高并发下能获得更快的下载速度。SWR 可以智能调度全球构建节点（如图 3-26 所示），根据所使用的镜像地址自动分配至最近的主机节点进行构建，可以拉取国外镜像；根据负载自动分配到空闲节点，可以加速镜像的获取效率。

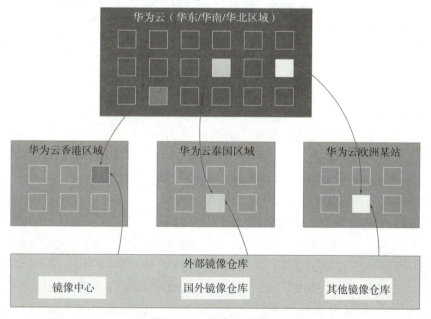

图 3-26　全球构建节点

SWR 需要与其他云服务协同工作，其和其他云服务的关系如图 3-27 所示。

图 3-27　SWR 和其他云服务的关系示意

CCE 提供高可靠、高性能的企业级容器应用管理服务，支持 K8s 社区原生应用和工具，简化云上自动化容器运行环境的搭建。

SWR 能无缝对接 CCE，可以将 SWR 中的镜像部署到 CCE 中。

CCI 提供 Serverless 容器引擎，让用户无须创建和管理服务器集群即可直接运行容器。

CTS 提供云服务资源的操作记录，记录内容包括从公有云管理控制台或开放 API 发起的云服务资源操作请求以及每次请求的结果，可用于支撑安全分析、合规审计、资源跟踪和问题定位等常见应用场景。通过 CTS，可以记录与 SWR 相关的操作事件，便于日后的查询、审计和回溯。CTS 支持的 SWR 操作列表参见 SWR 的关键操作列表。

3.5　本章小结

本章主要介绍了华为鲲鹏处理器的架构及型号，TaiShan 服务器的概述、型号等内容；介绍了鲲鹏基础云服务中的鲲鹏 ECS、鲲鹏裸金属服务器、鲲鹏云手机，以及鲲鹏云容器中的 CCE、CCI、AOM、SWR 等。

习　题

一、选择题

1. (多选)以下属于华为鲲鹏计算服务的是(　　　)。

A. KC1　　　　　　　　B. KS1　　　　　　　　C. KM1　　　　　　　　D. KK1

2. (多选)TaiShan 200 机架服务器包含以下哪些型号(　　　)?

A. 2280　　　　　　　　B. 5280　　　　　　　　C. 2480　　　　　　　　D. X6000

3. 鲲鹏 ECS 最高可提供多少核(　　　)?

A. 32　　　　　　　　　B. 48　　　　　　　　　C. 64　　　　　　　　　D. 128

4. 以下不属于华为鲲鹏云容器的产品的是(　　　)。

A. AOM　　　　　　　　B. SWR　　　　　　　　C. CDR　　　　　　　　D. AOS

5. 以下不属于 AOM 的优势的是(　　　)。

A. 人工运维　　　　B. 智能分析　　　　C. 健康检查　　　　D. 开箱即用

二、填空题

1. 泰山服务器按照所使用的 CPU 系列的不同，可分为使用_____的泰山 100 系列和使用_____的泰山 200 系列。

2. 云手机是基于鲲鹏 BMS 虚拟出的带有原生安卓操作系统，同时具有虚拟手机功能的云服务器。也就是说，云手机=＿＿＿＿＿＿＿＋＿＿＿＿＿＿＿。

3. 鲲鹏 ECS 是由＿＿＿＿＿＿＿、＿＿＿＿＿＿＿、＿＿＿＿＿＿＿和＿＿＿＿＿＿＿组成的最基础的计算组件。

4. CCE 是基于业界主流的＿＿＿＿＿＿＿和＿＿＿＿＿＿＿开源技术构建的容器服务。

5. AOM 从架构上主要分为＿＿＿＿＿＿＿、＿＿＿＿＿＿＿和＿＿＿＿＿＿＿。

三、简答题

1. 简述 SWR 的作用和优势。

2. 简述 CCE 和 CCI 的区别。

第4章　鲲鹏应用软件迁移

新基建风口下，算力一跃成为新的生产力，云、AI 与 5G 则是新的生产工具。基于 5G 等新兴技术的创新应用催生了多样化算力的需求，市场既需要通用计算算力，也需要异构计算算力。此外，摩尔定律的逐渐放缓，让算力和性能陷入一系列发展瓶颈，市场对创新架构的需求日益加大，计算平台的创新之战一触即发。

在此背景下，x86 架构的不足越发明显，功耗大、通用寄存器数量少、计算机硬件利用率低、寻址范围小等问题凸显，难以跟上算力发展的速度。与此同时，ARM 架构在移动互联网盛行的当下焕发出别样的生命力。从 x86 架构迁移到 ARM 架构的过程并不简单，本章对于鲲鹏软件的迁移路径进行了全面、细致的讲解，同时针对软件迁移过程中可能遇到的问题及解决方案也进行了相关讲解。

4.1　引　言

4.1.1　计算技术栈与程序执行过程

应用程序通过一定的软件算法完成业务功能，程序通常使用 C/C++、Java、Go、Python 等高级语言开发。高级语言需要编译成汇编语言，再由汇编器按照 CPU 指令集转换成机器码。一个程序在磁盘上存在的形式，是由一堆指令和数据组成的机器码，也就是我们通常所说的二进制文件。计算技术栈与程序执行过程如图 4-1 所示，技术栈的最底层是物理材料、晶体管，通过这些来实现门/寄存器，再组成 CPU 的微架构。CPU 的指令集是硬件和软件的接口，应用程序通过指令集中定义的指令驱动硬件完成计算。

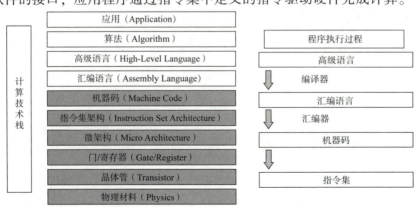

图 4-1　计算技术栈与程序执行过程

在如图 4-1 所示的计算技术栈中，每一层的作用如下。

(1)应用(Application)。一般指手机和平板电脑的应用，在面向对象上通常分为个人用户应用(面向个人消费者)与企业级应用(面向企业)，在移动端系统分类上主要包括 iOS APP (如同步推等)、Android APK(如 AirDroid、百度应用等)和 Windows Phone 的 xap 和 appx。

(2)算法(Algorithm)。指解题方案的准确而完整的描述，是一系列解决问题的清晰指令，代表着用系统的方法描述解决问题的策略机制。

(3)高级语言(High-Level Language)。相对于机器语言(Machine Language)来说是一种指令集的体系。这种指令集称为机器码，是计算机的 CPU 可直接解读的数据，是高度封装了的编程语言。它是以人类的日常语言为基础的一种编程语言，使用一般人易于接受的文字来表示(例如汉字、不规则英文或其他外语)，从而使程序员编写程序更容易，也有较高的可读性，以方便对计算机认知较浅的人可以大概明白其内容。

(4)汇编语言(Assembly Language)。一种用于电子计算机、微处理器、微控制器或其他可编程器件的低级语言，也称为符号语言。

(5)机器码(Machine Code)。学名机器语言指令，有时也被称为原生码(Native Code)，是计算机的 CPU 可直接解读的数据(计算机只认识 0 和 1)。

(6)指令集架构(Instruction Set Architecture)。微处理器的指令集架构的常见种类包括复杂指令集运算(Complex Instruction Set Computing，CISC)、精简指令集运算(Reduced Instruction Set Computing，RISC)、显式并行指令集运算(Explicitly Parallel Instruction Computing，EPIC)、超长指令字(Very Long Instruction Word，VLIW)指令集运算。

(7)微架构(Micro Architecture)。微架构又称微体系结构或微处理器体系结构，是在计算机工程中，将一种给定的指令集架构在处理器中执行的方法。一种给定的指令集可以在不同的微架构中执行，实施中可能因不同的设计目的和技术提升而有所不同。计算机架构是微架构和指令集设计的结合。

(8)门/寄存器(Gate/Register)。寄存器的功能是存储二进制代码，它是由具有存储功能的触发器构成的。一个触发器可以存储 1 位二进制代码，故存放 n 位二进制代码的寄存器，需用 n 个触发器来构成。按照功能的不同，可将寄存器分为基本寄存器和移位寄存器两大类。基本寄存器只能并行送入数据，也只能并行输出数据。移位寄存器中的数据可以在移位脉冲作用下依次逐位右移或左移，数据既可以并行输入、并行输出，也可以串行输入、串行输出，还可以并行输入、串行输出，或者串行输入、并行输出。

(9)晶体管(Transistor)。一种固体半导体器件(包括二极管、三极管、场效应管、晶闸管等，有时特指双极型器件)，具有检波、整流、放大、开关、稳压、信号调制等多种功能。晶体管作为一种可变电流开关，能够基于输入电压控制输出电流。与普通机械开关(如 Relay、Switch)不同，晶体管利用电信号来控制自身的开合，所以开关速度可以非常快，实验室中的切换速度可达 100 GHz 以上。

(10)物理材料(Physics)。CPU 由多个物理原材料组成。常见的物理材料有硅、金属、化学物质、胶水和封装材料、陶瓷等，这些物理材料是制造 CPU 所必需的，它们经过精密的加工和组装，形成了功能强大的中央处理器。

程序是为求解某个特定问题而设计的指令序列。程序中的每条指令规定机器完成一组基本操作。例如，当我们输入"hello，word!"程序，编译运行，计算机从屏幕输出"hello，world!"。整个过程计算机是怎么运作的呢？

我们输入的"hello，world！"是人类可以阅读和编写的，但是机器并不能直接识别它们，我们需要把这些文字翻译成机器可执行的二进制文件，这部分工作是由编译系统完成的。编译系统由预处理器、编译器、汇编器、链接器4个部分组成。以"hello，world！"程序为例，各部分共同完成将源文件编译成二进制文件的工件。

（1）预处理器根据以"#"开头的命令，将包含的头文件加载进源程序中。预处理器读取系统头文件 stdio.h 中的内容，源程序经过预处理后，得到另一个 C 语言源程序，此程序通常以".i"为扩展名进行保存。

（2）编译器将预处理后的 .i 文件转换成汇编语言。编译器将不同的高级语言（如 C、C++）转换成严格一致的汇编语言格式进行输出。汇编语言以标准的文本格式确切地描述每条机器语言指令。编译器得到的文件通常以".s"为扩展名进行保存。

（3）汇编器将汇编语言（.s 文件）翻译成机器语言指令，并将这些指令打包成一种可定位目标程序格式。汇编后得到的文件即为二进制文件，通常以".o"为扩展名进行保存。

（4）"hello，world！"程序中调用过 printf( ) 函数，它是一个 C 标准库里的函数。Printf( ) 函数存放在一个名为 printf.o 的单独预编译的文件中。这个文件必须以适当的方式并入程序，这个工作由链接器完成。将外部的 .o 文件并入后，得到一个完整的"hello，world！"可执行文件。可执行文件加载到存储器后，由系统复制执行。

4.1.2　应用迁移的原因

计算机是由软件和硬件组成的，如果要执行软件层的应用程序，那么就需要底层 CPU 支持由汇编器形成的机器语言指令（由指令和数据组成）去运行，因此就需要底层计算平台能够支持该 CPU 指令。对于不同的处理器而言，它们能够支持的指令也大不相同，这也是 x86 和鲲鹏处理器编译的区别之处。

x86 的指令是变长的，有 24 位和 16 位；鲲鹏处理器的指令是定长的，为 32 位。由于这些指令集的差异，因此在 x86 平台上编译生成的应用程序，在鲲鹏处理器平台上运行时需要重新编译。

1. 汇编代码角度

同样的 C 语言代码，在编译成不同架构下的程序后，得到的汇编语言是不同的，主要体现在以下 3 个方面。

（1）寄存器。

两个架构下的寄存器无论是从数量上还是功能上都有所不同。

ARM64 有 34 个寄存器，其中编号 x0～x29 是通用寄存器；x30 是程序链接寄存器；x31 比较特殊，既可用作 XZR 零寄存器，又可用作堆栈指针寄存器 SP，两者不能在同一条指令里共存，另外两个寄存器分别是程序计数器 PC、状态寄存器 CPSR。

ARM64 寄存器 x0～x30 及 XZR 零寄存器都是 64 位的，它们的低 32 位构成了 32 位寄存器，分别用 w0～w30 表示；用 WZR 表示 32 位的零寄存器。

除此之外，ARM64 有浮点寄存器和向量寄存器，此处就不详细介绍了。

x86-64 架构下有 16 个 64 位的通用寄存器，这些寄存器支持访问低位，例如支持访问低 8 位、低 16 位、低 32 位。

x86-64 架构下的 16 个通用寄存器的名称和用途如图 4-2 所示。

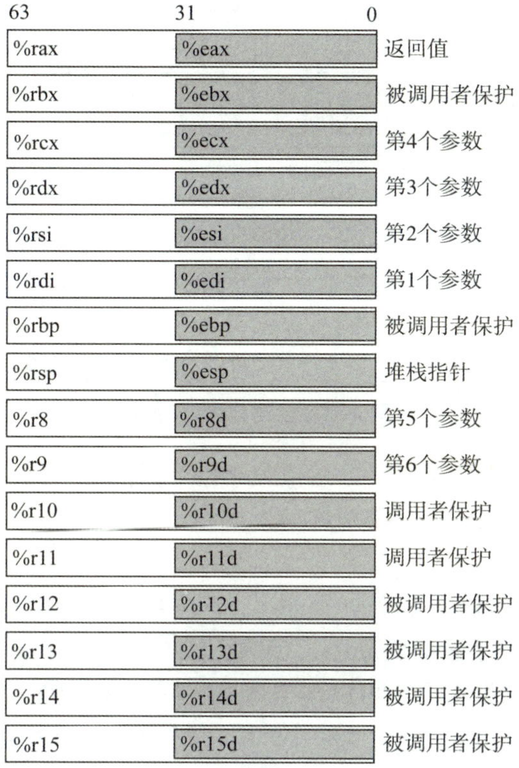

63	31	0	
%rax	%eax		返回值
%rbx	%ebx		被调用者保护
%rcx	%ecx		第4个参数
%rdx	%edx		第3个参数
%rsi	%esi		第2个参数
%rdi	%edi		第1个参数
%rbp	%ebp		被调用者保护
%rsp	%esp		堆栈指针
%r8	%r8d		第5个参数
%r9	%r9d		第6个参数
%r10	%r10d		调用者保护
%r11	%r11d		调用者保护
%r12	%r12d		被调用者保护
%r13	%r13d		被调用者保护
%r14	%r14d		被调用者保护
%r15	%r15d		被调用者保护

图 4-2 x86-64 架构下的寄存器

（2）处理器指令。

下面以简单的给变量赋值操作为例，介绍鲲鹏指令和 x86 架构的处理器指令实现的方式。

①鲲鹏架构：首先使用 mov 指令把操作数传给寄存器，然后使用 ldr 指令把寄存器的值传到内存中。

②x86 架构：直接使用 movl 指令把操作数传到内存中。

鲲鹏架构和 x86 架构在具体的处理器指令设计上是有很大区别的，同样的功能，两个架构的处理器指令实现的方式可能不一样。

（3）指令长度。

x86 架构下的指令长度是不一样的，短的只有 1 字节，长的有 15 字节，这给寻址带来了一定的不便。

鲲鹏架构的指令长度为固定的 32 位（ARM 工作状态），寻址方便，效率较高。

2. 计算技术栈角度

对于常用的使用高级语言编写的应用，计算技术栈一般分为两类：一类是编译型语言，另一类是解释型语言。这两种计算技术栈的示意如图 4-3 所示。

（1）编译型语言。

编译型语言的代表是 C/C++等语言，使用编译型语言编写的源代码只有经过一系列的编译过程，最终才能生成可执行程序。C 语言编译过程如图 4-4 所示。

图 4-3　技术栈示意

图 4-4　C 语言编译过程

　　因为不同架构下的指令集不同，导致依赖于指令集的机器码、汇编语言都不同，所以同一段程序，在不同的架构下，需要最终编译成和架构相适应的机器码。

　　（2）解释型语言。

　　解释型语言的代表是 Java、Python 等语言，Java 的源代码会被编译成字节码，字节码运行在 Java 虚拟机（Java Virtual Machine，JVM）上，JVM 具有与平台架构无关的指令集，同一段 Java 代码在不同的架构下都可以被编译成相同的字节码。JVM 对字节码进行解释，转换为物理 CPU 对应的机器码进行实际执行。因为不同的指令集架构可以适配不同的 JVM 实现，所以 Java 等解释型语言只需编译一次，就可以到处运行，不同架构下的 JVM 屏蔽了指令集之间的差异。

　　如果一个应用是使用 Java 编写的，那么理论上该应用可以跨平台运行。但是实际情况比较复杂，有些 Java 应用会引用 so 库文件，这些 so 库文件很有可能是通过编译型语言，例如 C 语言来编写的，这时候就要考虑 so 库文件的移植。

4.1.3　鲲鹏处理器和 x86 处理器指令差异

　　长期以来，计算机性能的提高往往是通过增加硬件的复杂性来实现的。随着集成电路技术，特别是超大规模集成电路（Very Large Scale Integration Circuit，CLSI）技术的迅速发展，为了软件编程方便和提高程序的运行速度，硬件工程师采用不断增加可实现复杂功能的指令和多种灵活的编址方式。甚至某些指令可支持高级语言语句归类后的复杂操作，从而使硬件越来越复杂，造价也相应提高。为实现复杂操作，微处理器除向程序员提供类似各种寄存器和机器指令功能外，还通过存于只读存储器（Read-Only Memory，ROM）中的微程序来实现其极强的功能，微处理在分析每一条指令之后执行一系列初级指令运算来完成所需的功能，这种设计形式被称为复杂指令集计算机（Complex Instruction Set Computer，CISC）结构。一般来说，CISC 所含的指令数目至少为 300 条以上，有时甚至超过 500 条。

　　采用复杂指令系统的计算机有着较强的处理高级语言的能力，这对提高计算机的性能是有益的。当计算机的设计沿着这条道路发展时，有些人没有随波逐流：IBM 公司位于美国弗吉尼亚约克镇的托马斯·沃森研究中心于 1975 年组织力量研究指令系统的合理性问题。因为当时他们已察觉到，日趋庞杂的指令系统不但不易实现，而且可能降低系统性

能。1979年，以帕特逊教授为首的一批科学家也开始在美国加州大学伯克利分校开展这一研究。结果表明，CISC存在许多缺点。首先，在这种计算机中，各种指令的使用率相差悬殊：一个典型程序的运算过程所使用的80%指令，只占一个处理器指令系统的20%。事实上，最频繁使用的是取、存和加这些最简单的指令，这样长期致力于复杂指令系统的设计，实际上是在设计一种难得在实践中用得上的指令系统的处理器。同时，复杂的指令系统必然带来结构的复杂性，这不但增加了设计时间与成本，还容易造成设计失误。此外，尽管VLSI技术现在已达到很高的水平，但也很难把CISC的全部硬件做在一块芯片上，这也妨碍了单片计算机的发展。在CISC中，许多复杂指令需要极复杂的操作，这类指令多数是某种高级语言的直接翻版，因而通用性差。由于采用二级的微码执行方式，它也降低了那些被频繁调用的简单指令系统的运行速度。因而，针对CISC的这些弊病，帕特逊等人提出了精简指令的设想，即指令系统应当只包含那些使用频率很高的少量指令，并提供一些必要的指令以支持操作系统和高级语言。按照这个原则发展而成的计算机被称为精简指令集计算机（Reduced Instruction Set Computer，RISC）。

从硬件角度来看，CISC处理的是不等长指令集，它必须对不等长指令进行分割，因此在执行单一指令的时候需要进行较多的处理工作。而RISC执行的是等长精简指令集，CPU在执行指令的时候速度较快且性能稳定。因此，在并行处理方面RISC明显优于CISC，RISC可同时执行多条指令，可将一条指令分割成若干个进程或线程，交由多个处理器同时执行。由于RISC执行的是精简指令集，所以它的制造工艺简单且成本低廉。

从软件角度来看，CISC运行的是我们所熟识的磁盘操作系统（Disk Operating System，DOS）、Windows操作系统，而且它拥有大量的应用程序。因为全世界有65%以上的软件厂商都是为基于CISC体系结构的PC及其兼容机服务的，如赫赫有名的微软公司。RISC在此方面却显得有些势单力薄，虽然在RISC上也可运行DOS、Windows等操作系统，但是需要一个翻译过程，所以运行速度要慢许多。

4.2 编程语言

4.2.1 编译型语言

用编译型语言编写的程序在执行之前需要一个专门的编译过程，把程序编译成机器语言的文件，运行时不需要重新翻译，直接使用编译的结果即可，如C/C++、Delphi、Go等就属于这类语言。因此，用编译型语言开发的程序在从x86处理器迁移到鲲鹏处理器时，必须经过重新编译才能运行。

对于编译型语言，开发完成以后需要将所有的源代码都转换成可执行程序，如Windows下的.exe文件，可执行程序里面包含的就是机器码。只要我们拥有可执行程序，就可以随时运行，不用再重新编译了，也就是"一次编译，无限次运行"。

在运行的时候，只需要编译生成的可执行程序，而不需要源代码和编译器。也就是说，编译型语言可以脱离开发环境运行。C语言的执行过程如图4-5所示，源代码需要由编译器、汇编器翻译成机器语言指令，再通过链接器链接库函数生成机器语言程序。机器语言必须与CPU的指令集匹配，在运行时通过加载器加载到内存中，由CPU执行指令。

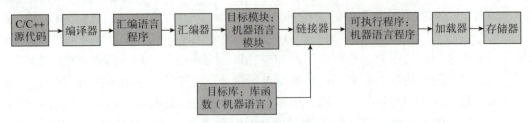

图 4-5　C 语言的执行过程

编译型语言一般是不能跨平台的，即不能在不同的操作系统之间随意切换。

编译型语言不能跨平台表现在以下两个方面。

1. 可执行程序不能跨平台

可执行程序不能跨平台很容易理解，因为不同操作系统对可执行文件的内部结构有着截然不同的要求，彼此之间也不能兼容。

例如，不能将 Windows 平台下的可执行程序拿到 Linux 平台下使用，也不能将 Linux 平台下的可执行程序拿到 Mac OS 平台下使用（虽然它们都是类 UNIX 平台）。

另外，相同平台的不同版本之间也不一定兼容。例如，不能将 x64 程序（Windows 64 位程序）拿到 x86 平台（Windows 32 位平台）下运行。但是反之一般可行，因为 64 位的 Windows 平台对 32 位程序做了很好的兼容性处理。

2. 源代码不能跨平台

不同平台支持的函数、类型、变量等都有可能不同，基于某个平台编写的源代码一般不能拿到另一个平台下编译。下面以 C 语言为例来说明。

在 C 语言中，要想让程序暂停，可以使用"睡眠"函数。在 Windows 平台下，该函数是 Sleep()，在 Linux 平台下，该函数是 sleep()，首字母大小写不同。其次，Sleep() 函数的参数是毫秒，sleep() 函数的参数是秒，单位也不一样。

以上两个原因导致使用暂停功能的 C 语言程序不能跨平台，除非在代码层面做出兼容性处理，但处理起来非常麻烦。

虽然不同平台的 C 语言都支持 long 类型变量，但是不同平台的 long 类型变量的长度却不同。例如，Windows 64 位平台下的 long 类型变量占用 4 个字节，Linux 64 位平台下的 long 类型变量占用 8 个字节。

我们在 Linux 64 位平台下编写代码时，将"0x2f1e4ad23"赋值给 long 类型的变量是完全没有问题的，但是这样的赋值在 Windows 平台下就会导致数值溢出，让程序产生错误的运行结果。这样的错误一般不容易察觉，因为编译器不会报错，我们也记不住不同类型的取值范围。

4.2.2　解释型语言

用解释型语言编写的程序在执行之前不需要编译，专门有一个解释器进行翻译，程序只有在运行时才被翻译成机器语言，每执行一次都要被翻译一次，因此效率比较低。但是用解释型语言开发的程序在迁移到鲲鹏处理器时，一般不需要重新编译，只需要依赖解释器即可，因此跨平台性好，如 Basic、Java、Python 等就属于这类语言。

对于解释型语言，每次执行程序时都需要一边转换一边执行，用到哪些源代码就将这些源代码转换成机器码，其他源代码不进行任何处理。每次执行程序时，可能使用不同的功能，这个时候需要转换的源代码也不一样。

　　因为每次执行程序都需要重新转换源代码，所以解释型语言的执行效率低于编译型语言，甚至存在数量级的差距。计算机的一些底层功能或关键算法一般都使用 C/C++实现，只有在应用层面(如网站开发、批处理、小工具等)才会使用解释型语言。Java 和 Python 程序的执行过程如图 4-6 所示，解释型语言的源代码由编译器生成字节码，再由 Java 虚拟机解释执行。Java 虚拟机将不同 CPU 指令集的差异屏蔽，因此解释型语言的可移植性很好。但是如果程序中调用了编译型语言所开发的 so 库，那么这些 so 库需要重新移植编译。

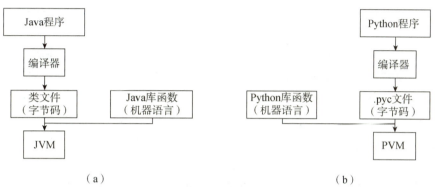

图 4-6　Java 和 Python 程序的执行过程
(a)Java 程序的执行过程；(b)Python 程序的执行过程

　　在运行解释型语言的时候，始终需要源代码和解释器，因此其无法脱离开发环境。当我们下载一个程序(软件)时，不同类型的语言有不同的含义，具体如下。

　　对于编译型语言，我们下载的是可执行文件，源代码被程序员保留，所以用编译型语言编写的程序一般是闭源的。对于解释型语言，我们下载的是所有的源代码，因为程序员不给出源代码程序就无法运行，所以用解释型语言编写的程序一般是开源的。

　　相比于编译型语言，解释型语言几乎都能跨平台。那么，为什么解释型语言能跨平台呢？

　　这一切都要归功于解释器！

　　我们所说的跨平台，是指源代码跨平台，而不是解释器跨平台。解释器用来将源代码转换成机器码，它就是一个可执行程序，是绝对不能跨平台的。

　　官方需要针对不同的平台开发不同的解释器，这些解释器必须要遵守同样的语法，识别同样的函数，完成同样的功能。只有这样，同样的源代码在不同平台的执行结果才是相同的。

　　解释型语言之所以能够跨平台，是因为有了解释器这个中间层。在不同的平台下，解释器会将相同的源代码转换成不同的机器码，它帮助我们屏蔽了不同平台之间的差异。

4.3　软件迁移

4.3.1　软件迁移过程

　　软件迁移指的是将 x86 平台的程序迁移到 ARM 架构平台上，或者将 ARM 平台的程序迁移到 x86 平台上。软件迁移可分为 5 个阶段：迁移准备、迁移分析、编译迁移、性能调优、测试与认证。

1. 迁移准备——收集软件栈信息，准备迁移环境

收集软件栈信息包括以芯片、服务器信息为主的硬件信息和以中间件、编译器、业务软件、开源软件和商业软件等为主的软件栈信息。同时，进行编译环境的准备，可以通过申请 OpenLab 的软件帮助我们完成迁移。

2. 迁移分析——分析软件栈，制订迁移策略

迁移分析要做的，就是对收集到的信息和软件栈做初步分析，判断其是否真正需要迁移，评估迁移的工作量。

软件栈分析主要分为业务软件分析和运行环境分析两大类。在业务软件中，开源软件可通过获取开源软件代码进行程序编译，或者直接下载 ARM 上已编译好的软件包；自研软件则需根据语言类型差异制订不同的迁移策略；商用软件是鲲鹏处理器常用版本，当无法获取相应商用软件时，可通过其他软件或开源软件进行替换。运行环境、虚拟机、编译器和操作系统也要进行替换，可以直接去软件仓库下载由鲲鹏官方验证的版本。

3. 编译迁移——软件编译打包，验证基本功能

编译迁移主要分为两类：一类是代码迁移，另一类是软件包迁移。代码迁移可以分为编译型语言和解释型语言，编译型语言修改点主要涉及代码修改、编译脚本修改、内联汇编修改以及不兼容指令，如 SSE Intrinsic 类加速指令。解释型语言主要分为直接翻译，如纯解释型语言开发的应用程序，如果软件包含依赖库，则需要重新编译。

软件包迁移主要是对 RPM 进行重构，包括扫描软件包所依赖的依赖项，对这些依赖项获取源代码，进行重新编译、打包。

4. 性能调优——利用 5 步法优化软件性能

这里总结出性能调优的 5 步法：第 1 步，建立基准，即根据当前硬件配置和测试模型，确定调优的目标；第 2 步，压力测试，即对测试系统进行压力测试，记录数据变化；第 3 步，确定瓶颈，系统的瓶颈通常会在 CPU 过于繁忙、I/O 等待、网络等待、响应时延等方面出现；第 4 步，实施优化，即重点观察系统资源的瓶颈，对瓶颈点实施进一步调优策略；第 5 步，确认效果，即重新启动压力测试，准备好相关的工具监视系统，确认优化效果。

5. 测试与认证——保证商用上线，共建鲲鹏生态

通过测试与认证保证迁移完后性能正常达标，测试包括压力测试、长稳测试等。

测试会经过功能测试、性能测试、长稳测试，这些测试的最终目的都是保证规模的商用。

4.3.2 软件迁移——迁移分析

软/硬件栈的整体迁移策略分为运行环境和业务软件两大类。在进行软件迁移的时候，需要先保证迁移后的运行环境正常。基于 x86 的软件栈如图 4-7 所示，运行环境的迁移包括操作系统、编译器等的迁移。

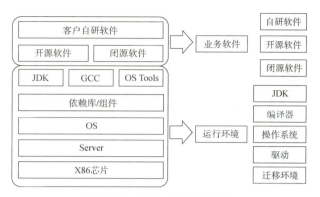

图 4-7　基于 x86 的软件栈

1. 运行环境的迁移

JDK 是 Java 的软件开发工具包，主要用于移动设备、嵌入式设备上的 Java 应用程序。JDK 是整个 Java 开发的核心，包含 Java 的运行环境（JVM+Java 系统类库）和 Java 工具。在进行鲲鹏软件运行环境迁移时，只需要将在 x86 架构上运行的 JDK 环境替换为支持在鲲鹏 CPU、泰山服务器上运行的版本即可，如 OpenJDK、HuaweiJDK 等。

编译器可以使用 GCC，GCC 是由 GNU 开发的编程语言编译器。它是以 GPL 许可证所发行的自由软件，也是 GNU 计划的关键部分。GCC 原本作为 GNU 操作系统的官方编译器，现已被大多数类 UNIX 操作系统（如 Linux、BSD、Mac OS 等）采纳为标准的编译器，它同样适用于 Windows 操作系统。GCC 是自由软件过程发展中的著名例子，由自由软件基金会以 GPL 协议发布，需要替换成支持鲲鹏编译器，如 GCC 9.1 以上。

操作系统是管理和控制计算机硬件与软件资源的计算机程序，是直接运行在"裸机"上的最基本的系统软件，任何其他软件都必须在操作系统的支持下才能运行。

迁移环境是提供计算服务的设备。由于服务器需要响应服务请求，并进行处理，因此一般来说，服务器应具备承担服务并且保障服务的能力。可以替换为泰山服务器测试样机或申请 OpenLab 线上服务器资源。针对企业业务性质的不同，运行环境的迁移提供了以下 3 种形式。

（1）通过华为云鲲鹏云服务器搭建开发环境。

登录华为云官网，查看鲲鹏 ECS 相关信息。登录华为云账号，对于相关类型的鲲鹏 ECS，按照指导选择购买，如图 4-8 和图 4-9 所示。

图 4-8　鲲鹏 ECS

图 4-9　鲲鹏 ECS 购买操作

（2）通过本地泰山服务器搭建开发环境。

通过本地泰山服务器搭建开发环境时需要注意，服务器要与公网环境进行连接，设备组网配置和调测物理服务器等需要花费一定周期。具体开发环境搭建流程如图 4-10 所示。

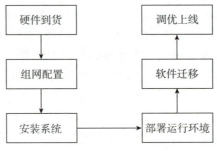

图 4-10　本地泰山服务器迁移流程

（3）远程 Openlab。

OpenLab 作为一个生态伙伴构建的开发合作平台，不仅是实验室，更是"华为+合作伙伴"方案孵化、联合验证，增强产品竞争力、提升客户价值和满意度的平台。目前，华为 OpenLab 已与 400 多家伙伴展开解决方案合作，打造以客户为中心，不断创新的行业解决方案。

远程 Openlab 通过开放工具化、流程化能力，支持面向全软件栈的鲲鹏生态建设，无须配置物理机，即可向 Openlab 申请远程服务器资源，提供认证服务，进行生态推广。远程 Openlab 迁移流程如图 4-11 所示。

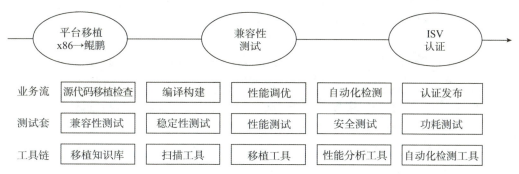

图 4-11 远程 Openlab 迁移流程

2. 业务软件的迁移

业务软件的迁移主要包括自研软件、开源软件和商业软件的迁移。

（1）自研软件的迁移。

①编译型语言。C/C++、Go 等编译型语言需要重新编译。

②解释型语言。Java 等解释型语言替换 ARM 版本 JDK 或虚拟机。

（2）开源软件的迁移。获取开源软件 ARM64 软件包或下载源代码重新编译。

（3）商业软件的迁移。获取支持鲲鹏芯片或泰山服务器的软件版本，如果无法获取到兼容版本，则需更换其他类似软件。

4.3.3 软件迁移——编译迁移

应用软件移植到鲲鹏云服务器，解释型语言只需要安装对应的解析器或执行环境即可完成代码从 x86 平台到鲲鹏平台的移植，故此处重点以 C/C++ 为例描述代码移植过程，如图 4-12 所示。

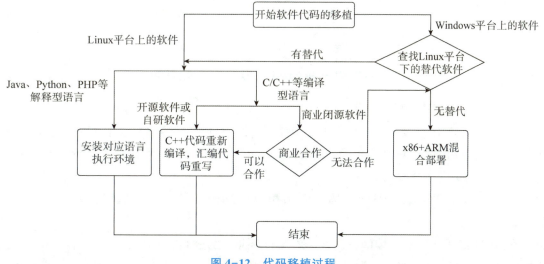

图 4-12 代码移植过程

按照翻译方式的不同，高级语言通常可以分为两类：一类是编译翻译，另一类是解释翻译，它们分别对应着编译型语言和解释型语言。

1. 编译型语言

C/C++ 属于编译型语言，C/C++ 编译好的程序是机器语言程序，由操作系统加载到存储器(一般为内存)后由 CPU 直接执行。

2. 解释型语言

Java、Python 等属于解释型语言，Java 和 Python 编译好的程序是与平台无关的字节码，由虚拟机解释执行，虚拟机完成平台差异的屏蔽。

基于编译型语言开发的应用程序，如 C/C++ 应用程序，其编译后得到可执行程序，可执行程序在执行时依赖的指令是与 CPU 架构相关的指令。因此，基于 x86 架构编译的 C/C++ 应用程序无法直接在鲲鹏云服务器上运行，需要进行移植编译。基于编译型语言开发的应用程序流程如图 4-13 所示。

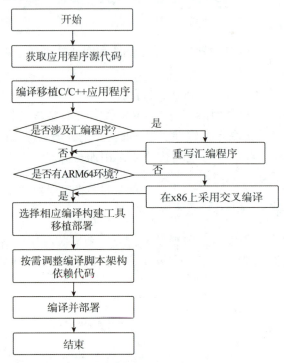

图 4-13 基于编译型语言开发的应用程序流程

（1）获取应用程序源代码。

（2）如果源代码涉及 x86 汇编程序，则需要使用 ARM 汇编重写。汇编程序和 C/C++ 源代码中的内联汇编代码需要重写，原因为 ARM 和 x86 架构的指令集不兼容，跨平台执行汇编指令会触发指令异常。

（3）根据 ARM 或 x86 编译环境，使用相应的编译工具或交叉编译工具，编译应用程序。

在 ARM 编译环境上，编译方法与 x86 编译环境一致，可使用 make、cmake、autoconfig 等工具进行编译。对于多数开源软件，执行 .autoconfig；make；makeinstall 3 条命令即可完成编译和安装。编译时如果遇到无法找到的函数、缺少库文件等错误，可安装对应的库，安装方法同 x86 编译环境。

（4）开源项目库不支持 ARM 架构，这种情况极少，一般发生在较旧的项目代码中，解决方法包括修改代码、寻求替代库等。

（5）编译时若提示代码错误，则可能需要根据平台差异修改部分代码，例如平台类型相关宏定义。

（6）应用程序部署。安装部署、设置系统启动脚本等操作方法与 x86 服务器一致。

基于解释型语言开发的应用程序，与 CPU 架构不相关，如 Java、Python、PHP，将这类应用程序移植到鲲鹏云服务器上，无须修改和重新编译，按照与 x86 编译环境一致的方式部署和运行应用程序即可。将这类应用程序移植到鲲鹏云服务器，通常需要经过以下两个步骤。

（1）安装语言运行环境。

对于 Java 语言，安装 Java 虚拟机；对于 PHP 语言，安装 PHP 语言解释器；对于其他解释型语言，如 Python、Ruby、Go 等，安装各语言解释器。

各语言虚拟机或解释器，需要为 ARMv8 版本，其中大多已被操作系统预置，可使用包管理器检查。如果系统未预置或预置版本不符合要求，则使用源代码或包管理器进行安装，并参考本章相关节内容进行移植。

（2）运行应用程序。

将应用程序部署在鲲鹏 ECS 上，无须修改和重新编译，按照与 x86 编译环境一致的方式部署和运行应用程序。

4.4　迁移工具

鲲鹏代码迁移工具 Porting-advisor 是一款可以简化将用户应用迁移到基于鲲鹏 916/920 服务器的过程的工具。该工具仅支持 x86 Linux 到鲲鹏 Linux 的扫描与分析，不支持 Windows 软件代码的扫描、分析与迁移。当用户有 x86 平台上源代码的软件要迁移到基于鲲鹏 916/920 的服务器上时，可用该工具自动分析出需修改的代码内容，并指导用户如何修改。该工具解决了用户代码兼容性人工排查困难、迁移经验欠缺、反复依赖编译调错定位等痛点。

当前代码迁移工具支持的功能特性如下。

（1）源代码迁移。检查用户 C/C++、Fortran 软件构建工程文件，并指导用户如何迁移该文件；检查用户 C/C++、Fortran 软件构建工程文件使用的链接库，并提供可迁移性信息；检查用户 C/C++、Fortran 软件源代码，并指导用户如何迁移源文件。其中，Fortran 源代码支持从 Intel Fortran 编译器迁移到 GCC Fortran 编译器，并进行编译器支持特性、语法扩展的检查。

（2）软件包重构。分析用户 x86 软件包的构成，重构适用于鲲鹏平台的软件包。

（3）专项软件迁移。基于丰富的软件迁移经验，帮助用户快速迁移软件。

（4）增强功能。分析用户的 32 位 C/C++软件，检查转换到 64 位模式需要进行的修改。

（5）x86 汇编指令转换。分析部分 x86 汇编指令，并转换成功能对等的鲲鹏汇编指令。

（6）工具提供工作空间容量检查。当工作空间容量过低时，向用户提供告警信息。

（7）用户通过安全传输协议上传软件源代码、软件包、二进制文件等资源到工作空间，也可以下载软件迁移报告到本地。

（8）支持命令行和 Web 两种使用方式，Web 方式下支持多用户并发扫描。

4.4.1 应用场景

鲲鹏代码迁移工具的主要应用场景有以下几种。

（1）源代码迁移。当用户有软件要迁移到基于鲲鹏 916/920 的服务器上时，可先用鲲鹏代码迁移工具分析源代码并得到迁移修改建议。

（2）软件包重构。帮助用户重构适用于鲲鹏平台的软件包。

（3）专项软件迁移。使用华为提供的软件迁移模板修改、编译并产生指定软件版本的安装包，该软件包适用于鲲鹏平台。

（4）增强功能。支持 x86 平台 GCC 4.8.5～GCC 8.×版本 32 位应用向 64 位应用的 64 位运行模式检查和结构体字节对齐检查。

4.4.2 部署方式

鲲鹏代码迁移工具采用单机部署，即将鲲鹏代码迁移工具部署在用户的开发、生产环境的 x86 服务器或基于鲲鹏 916/920 的服务器。

4.4.3 实现原理

鲲鹏代码迁移工具的功能众多，可以帮助用户解决很多问题，其架构如图 4-14 所示，架构中每个模块的功能如表 4-1 所示。

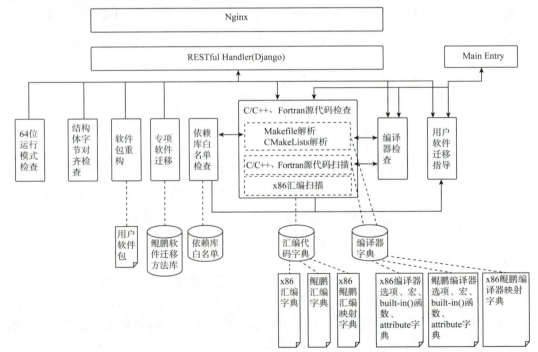

图 4-14　鲲鹏代码迁移工具的架构

表 4-1　鲲鹏代码迁移工具模块的功能

模块名	功能
Nginx	开源第三方组件，在 Web 方式下需要安装部署。处理用户前端的 HTTPS 请求，向前端提供静态页面，或者向后台传递用户输入的数据，并将扫描结果返回给用户
Django	开源第三方组件，在 Web 方式下需要安装部署。Django 是 RESTful 框架，将 HTTP 请求转换成 RESTful API 并驱动后端功能模块。同时，Django 提供用户认证、管理功能
Main Entry	命令行方式入口，负责解析用户输入参数，并驱动各功能模块完成用户指定的作业
依赖库白名单检查	根据"用户软件包扫描"输入的 so 文件列表，对比 so 依赖库白名单，得到所有 so 库的详细信息
C/C++、Fortran 源代码检查	扫描分析用户软件目标二进制文件依赖的源文件集合，根据编译器版本信息，检查源代码中使用的架构相关的编译选项、编译宏、built-in( )函数、attribute 字典、用户自定义宏等，确定需要迁移的源码及源文件。包括： (1)软件构建配置文件检查； (2)C/C++源代码检查，其中 Fortran 支持 Fortran77、Fortran90、Fortran95、Fortran03 等版本； (3)x86 汇编代码检查和转换代码建议(支持有限场景下常见的数据处理、加载、存储指令)
编译器检查	根据编译器版本确定 x86 与鲲鹏平台相异的编译宏、编译选项、built-in( )函数、attribute 字典等
用户软件迁移指导	(1)根据编译依赖库检查和 C/C++、Fortran 源代码扫描结果合成用户软件迁移建议报告(CSV 或 HTML 格式)； (2)输出软件迁移概要信息到终端
专项软件迁移	根据积累的、基于解决方案分类的软件迁移方法汇总
软件包重构	对用户 x86 软件包进行重构分析，产生适用鲲鹏平台的软件包
64 位运行模式检查	将原 32 位平台上的软件迁移到 64 位平台上，进行迁移检查并给出修改建议
结构体字节对齐检查	在需要考虑字节对齐时，检查源代码中结构体类型变量的字节对齐情况

4.4.4　访问和使用

鲲鹏代码迁移工具提供命令行或 Web 两种使用方式，用户在安装时可以自己选择使用方式。

鲲鹏代码迁移工具的业务流程如下。

(1)上传。将需要移植的 C/C++源代码文件、汇编源代码文件、Makefile 文件上传到鲲鹏代码迁移工具的工作目录下。

(2)分析。根据华为知识库分析 C/C++需要移植部分，汇编源代码同功能指令集以及兼容指令集移植部分，Makefile 中需要移植或代替的编译依赖库。

(3)下载。将需要修改的代码行和修改指导建议通过详细的 CSV 或 HTML 格式报告输出。

4.5 本章小结

本章主要介绍了应用迁移的原因、迁移原理、迁移过程，以及鲲鹏代码迁移工具的安装和部署等。

习 题

一、选择题

1. (多选)以下属于解释型语言的有(　　　)。

A. Java　　　　　　B. Python　　　　　C. C++　　　　　　D. Go

2. (多选)计算机可以直接识别和处理的语言有(　　　)。

A. 高级语言　　　B. 汇编语言　　　　C. 自然语言　　　D. 机器语言

3. (多选)以下属于编译型语言的有(　　　)。

A. Java　　　　　　B. PHP　　　　　　C. C++　　　　　　D. Python

4. 以下哪个工具可用于鲲鹏平台上的代码迁移?(　　　)

A. Dependency Advisor　　　　　　　　B. GCC

C. Tuning kit　　　　　　　　　　　　D. Porting-advisor

5. 以下不属于鲲鹏代码迁移工具业务流程的是(　　　)。

A. 上传　　　　　　B. 下载　　　　　　C. 分析　　　　　　D. 登录

二、填空题

1. 鲲鹏处理器采用 ARM 架构,使用_____指令集。

2. x86 处理器采用 x86 架构,使用_____指令集。

3. 软件迁移分为 5 个阶段:_____、_____、_____、_____、_____。

4. 鲲鹏代码迁移工具支持_____和_____两种使用方式。

5. 在 ARM 编译环境下,其编译方法与 x86 服务器一致,可使用_____、_____和_____等工具进行编译。

三、简答题

1. 鲲鹏代码迁移工具在进行部署的时候采用哪种部署方式?

2. 哪些语言是编译型语言? 哪些语言是解释型语言?

3. 编译型语言和解释型语言在进行迁移的时候有什么区别?

第5章 鲲鹏云容器实践

近些年来，容器技术迅速席卷全球，颠覆了应用的开发、交付和运行模式，在云计算、互联网等领域得到了广泛应用。其实，容器技术在约20年前就出现了，但直到2013年Docker操作系统的出现，才使它变得广为人知。毫不夸张地说，Docker公司率先点燃了容器技术的火焰，拉开了云原生应用变革的帷幕，促使容器生态圈一日千里地发展。2015年，云原生计算基金会(Cloud Native Computing Foundation，CNCF)的成立促进了容器技术在云原生领域的应用，降低了用户开发云原生应用的门槛。CNCF成立之初只有一个开源项目，就是后来大名鼎鼎的K8s。2018年，K8s已成为容器编排领域事实上的标准，并成为首个CNCF的毕业项目。2020年8月，CNCF旗下的开源项目增加到了63个，包括原创于中国的Harbor等项目。

从容器的发展历程可以看到，容器在出现的早期并没有得到人们的广泛关注，主要原因是当时开放的云计算环境还没出现或未成为主流。随着IaaS、PaaS和SaaS等云平台逐渐成熟，用户对云端应用开发、部署和运维的效率不断重视，并重新发掘了容器的价值，最终促成了容器技术的盛行。

5.1 引 言

5.1.1 云原生

作为容器最早的采用者之一，华为公司自2013年起就在内部多个产品落地容器技术，从2014年起开始广泛使用K8s。在此过程中，华为公司积累了丰富的实践经验，并在历经自身亿级用户量考验的实践后，面向企业用户提供了全栈容器服务，帮助企业轻松应对Cloud 2.0时代和应用上云的挑战。

基于华为公司自身实践与社区的贡献积累，华为云自上线之初就持续利用云原生技术为用户提供标准化、可移植的领先云原生基础设施服务。

随着云原生技术的成熟和市场需求的升级，云计算的发展已步入新的阶段。云原生2.0时代已经到来。从技术角度看，以容器、微服务以及动态编排为代表的云原生技术蓬勃发展，成为赋能业务创新的重要推动力，并已经应用到企业核心业务。从市场角度看，云原生技术已在金融、制造、互联网等多个行业得到广泛验证，支持的业务场景也愈加丰富，行业生态日渐繁荣。

云原生2.0企业云从"ON Cloud"走向"IN Cloud"，生于云、长于云，且立而不破。企业新生能力基于云原生构建，使其生于云；应用、数据和 AI 的全生命周期都在云上完成，使其长于云；同时，既有能力通过立而不破的方式继承下来，并与新生能力有机协同。云原生 2.0 全景图如图 5-1 所示。

目前，华为云云原生基础设施包含云容器引擎（CCE）、云容器实例（CCI）、容器镜像服务（SWR）、容器安全服务（Container Guard Service，CGS）、智能边缘平台（Intelligent EdgeFabric，IEF）、多云容器平台（Multi-Cloud Container Platform，MCP）、云原生服务中心（Operator Service Center，OSC）、应用编排服务（AOS）等 8 种核心容器产品，并以此为基础构建了云原生裸金属、云原生高性能计算、云原生混合云、云原生边缘计算 4 种解决方案，满足企业业务智能升级过程中对高性能基础设施、分布式业务架构、完善的云原生应用生态的诉求。

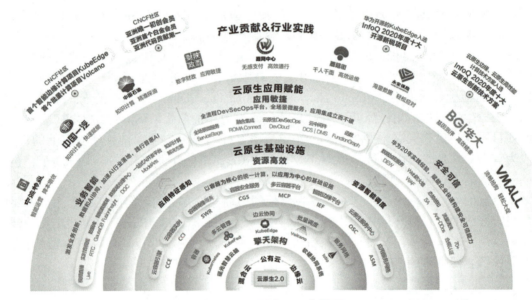

图 5-1　云原生 2.0 全景图

华为云通过"重定义基础设施、新赋能泛在应用、再升级应用架构"的创新升级，为客户提供极致体验、极致成本的云原生基础设施。使能企业构建多云、云边协同的应用架构，并统一企业应用底座，加速业务创新。

1. 云容器引擎

云容器引擎（CCE）提供高度可扩展的、高性能的企业级 K8s 集群，支持运行 Docker 容器，提供了 K8s 集群管理、容器应用全生命周期管理、应用服务网格、Helm 应用模板、插件管理、应用调度、监控与运维等容器全栈能力，为用户提供一站式容器平台服务。借助 CCE，用户可以在华为云上轻松部署、管理和扩展容器化应用程序。

2. 云容器实例

云容器实例（CCI）提供 Serverless Container（无服务器容器）引擎，用户无须创建和管理服务器集群即可直接运行容器。通过 CCI 服务，用户只需要管理运行在 K8s 上的容器化业务，无须管理集群和服务器即可在 CCI 上快速创建和运行容器负载，使容器应用零运维，使企业聚焦业务核心，为企业提供 Serverless 化全新一代的体验和选择。

3. 容器镜像服务

容器镜像服务（SWR）是一种支持容器镜像全生命周期管理的服务，提供简单易用、安全可靠的镜像管理功能，帮助用户快速部署容器化服务。

4. 容器安全服务

容器安全服务（CGS）能够扫描镜像中的漏洞与配置信息，帮助企业解决传统安全软件无法感知容器环境的问题。它同时提供容器进程白名单、文件只读保护和容器逃逸检测功能，有效防止容器运行时安全风险事件的发生。

5. 智能边缘平台

智能边缘平台（IEF）通过纳管用户的边缘节点，提供将云上应用延伸到边缘的能力，联动边缘和云端的数据，满足用户对边缘计算资源的远程管控、数据处理、分析决策、智能化的诉求，同时在云端提供统一的设备或应用监控、日志采集等运维能力，为企业提供完整的边缘和云协同的一体化服务的边缘计算解决方案。

6. 多云容器平台

多云容器平台（MCP）是华为云基于多年容器云领域实践经验和社区先进的集群联邦技术，提供的容器多云和混合云的解决方案，给用户提供跨云的多集群统一管理、应用在多集群的统一部署和流量分发，帮助用户彻底解决多云灾备问题的同时，还可以在业务流量分担、业务与数据分离、开发与生产分离、计算与业务分离等多种场景下发挥价值。

7. 云原生服务中心

云原生服务中心（OSC）是面向服务提供商和服务使用者的云原生服务生命周期治理平台，提供大量开箱即用的云原生服务，支持服务的开发、发布、订阅、部署、升级、更新等，帮助用户简化云原生服务的生命周期管理。

8. 应用编排服务

应用编排服务（AOS）为企业提供应用上云的自动化能力，支持编排华为云上的主流云服务，实现在华为云上一键式的应用创建及云服务资源开通，提供高效的一键式云上应用复制和迁移能力。应用编排服务通过堆栈来统一管理云资源和应用，在创建堆栈的过程中，应用编排服务会自动配置用户在模板上指定的云资源和应用。用户可以查看堆栈内各云资源或应用的状态和告警等，对于云资源和应用的创建、删除、复制等操作，都可以以堆栈为单位来完成。

5.1.2　容器

容器技术起源于 Linux 操作系统，是一种内核虚拟化技术，提供轻量级的虚拟化，以便隔离进程和资源。尽管容器技术已经出现了很久，却是随着 Docker 操作系统的出现而变得广为人知。

Docker 是第一个使容器能在不同机器之间移植的操作系统。它不仅简化了打包应用的流程，也简化了打包应用的库和依赖，甚至整个操作系统的文件系统都能被打包成一个简单的可移植的包，这个包可以被用来在任何其他运行 Docker 操作系统的机器上使用。

容器和虚拟机具有相似的资源隔离和分配方式，容器虚拟化了操作系统而不是硬件，更加便携和高效。容器和虚拟机的架构如图 5-2 所示。

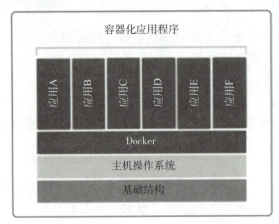 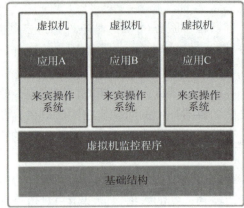

图 5-2　容器和虚拟机的架构

相比于使用虚拟机，容器具有以下优点。

1. 更高效的利用系统资源

由于容器不需要进行硬件虚拟以及运行完整操作系统等额外开销，因此其对系统资源的利用率更高。无论是应用执行速度、内存损耗，还是文件存储速度，都要比传统虚拟机技术更高效。相比虚拟机技术，一个相同配置的主机，往往可以运行更多数量的应用。

2. 更快速的启动时间

传统的虚拟机技术启动应用服务往往需要数分钟，而 Docker 容器应用由于直接运行于宿主内核，无须启动完整的操作系统，因此可以达到秒级，甚至毫秒级的启动时间，大大节约了开发、测试、部署的时间。

3. 一致的运行环境

开发过程中一个常见的问题是环境一致性问题。开发环境、测试环境、生产环境的不一致，导致有些问题并未在开发过程中被发现。而 Docker 操作系统的镜像提供了除内核外完整的运行时环境，确保了应用运行环境的一致性。

4. 更轻松的迁移

Docker 操作系统确保了执行环境的一致性，使应用的迁移更加容易。Docker 操作系统可以在很多平台上运行，无论是物理机还是虚拟机，其运行结果是一致的。因此可以很轻易地将在一个平台上运行的应用迁移到另一个平台上，而不用担心运行环境的变化导致应用无法正常运行。

5. 更轻松的维护和扩展

Docker 操作系统使用的分层存储以及镜像技术，使应用重复部分的复用更为容易，也使应用的维护更新更加简单，基于基础镜像进一步扩展镜像也变得非常简单。此外，Docker 团队同各个开源项目团队一起维护了大批高质量的官方镜像，既可以直接在生产环境中使用，又可以作为基础进一步定制，大大降低了应用服务的镜像制作成本。容器与虚拟机的对比如表 5-1 所示。

表 5-1　容器与虚拟机的对比

对比项	容器	虚拟机
启动	秒级	分钟级
硬盘使用	一般为 MB	一般为 GB
性能	接近原生	弱
系统支持量	单机支持上千个	一般为几十个

Docker 容器在使用时主要有如下 3 个概念。

（1）镜像。Docker 镜像里包含已打包的应用程序及其所依赖的环境。它包含应用程序可用的文件系统和其他元数据，如镜像运行时的可执行文件路径。

（2）镜像仓库。Docker 镜像仓库用于存放 Docker 镜像，以及促进不同人和不同计算机之间共享这些镜像。当编译镜像时，要么可以在编译它的计算机上运行，要么可以先上传镜像到一个镜像仓库，然后下载到另外一台计算机上运行。某些仓库是公开的，允许所有人从中拉取镜像，但也有一些仓库是私有的，仅部分人和机器可接入。

（3）容器。Docker 容器通常是一个 Linux 容器，它基于 Docker 镜像被创建。一个运行中的容器是一个运行在 Docker 主机上的进程，但它和主机，以及所有运行在主机上的其他进程都是隔离的。这个进程也是资源受限的，这意味着它只能访问和使用分配给它的资源（如 CPU、内存等）。

Docker 容器典型的使用流程如图 5-3 所示，其具体使用流程如下。

（1）开发者在开发环境机器上开发应用并制作镜像。Docker 执行命令，构建镜像并存储在开发环境机器上。

（2）开发者发送上传镜像命令。Docker 收到命令后，将本地镜像上传到镜像仓库。

（3）开发者向生产环境机器发送运行镜像命令。生产环境机器收到命令后，Docker 会从镜像仓库拉取镜像到生产环境机器上，然后基于镜像运行容器。

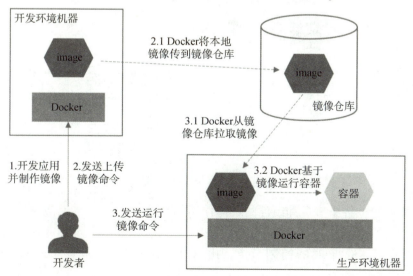

图 5-3　Docker 容器典型的使用流程

5.1.3 Kubernetes

K8s 是一个很容易部署和管理容器化的应用软件系统，使用 K8s 能够方便对容器进行调度和编排。

对应用开发者而言，可以把 K8s 看作一个集群操作系统。K8s 提供服务发现、伸缩、负载均衡、自愈、选举等功能，让开发者可以从基础设施相关配置中解脱出来。

K8s 可以把大量的服务器看作一台巨大的服务器，在该服务器上面运行应用程序，如图 5-4 所示。无论 K8s 集群有多少台服务器，在 K8s 上部署应用程序的方法永远一样。

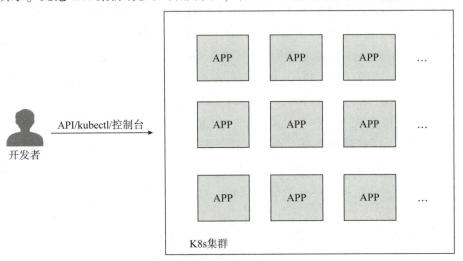

图 5-4　在 K8s 集群上运行应用程序

K8s 集群包含 Master 节点（控制节点）和 Node 节点（计算节点、工作节点），应用部署在 Node 节点上，且可以通过配置选择应用部署在某些特定的节点上。

K8s 集群的架构如图 5-5 所示。

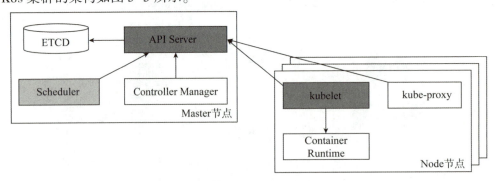

图 5-5　K8s 集群的架构

在 K8s 集群中，各个节点和组件的具体作用如下。

1. Master 节点

Master 节点是 K8s 集群的控制节点，由 API Server、Controller Manager、Scheduler 和 ETCD 4 个组件构成。

（1）API Server。各组件互相通信的中转站，接受外部请求，并将信息写到 ETCD 中。

（2）Controller Manager。执行集群级功能，如复制组件、跟踪 Node 节点、处理节点故障等。

（3）Scheduler。负责应用调度的组件，根据各种条件（如可用的资源、节点的亲和性等）将容器调度到 Node 节点上运行。

（4）ETCD。一个分布式数据存储组件，负责存储集群的配置信息。

在生产环境中，为了保障集群的高可用，通常会部署多个 Master，如 CCE 的集群高可用模式就是 3 个 Master 节点。

2. Node 节点

Node 节点是 K8s 集群的计算节点，即运行容器化应用的节点，由 kubelet、kube-proxy 和 Container Runtime 3 个组件构成。

（1）kubelet。主要负责同 Container Runtime 打交道，并与 API Server 交互，管理节点上的容器。

（2）kube-proxy。应用组件间的访问代理，解决节点上应用的访问问题。

（3）Container Runtime。容器如 Docker 运行时，最主要的功能是下载镜像和运行容器。

3. K8s 的扩展性

K8s 开放了容器运行时接口（Container Runtime Interface，CRI）、容器网络接口（Container Network Interface，CNI）和容器存储接口（Container Storage Interface，CSI），这些接口让 K8s 的扩展性变得最大化，而 K8s 本身则专注于容器调度。

（1）容器运行时接口。提供计算资源，隔离了各个容器引擎之间的差异，而通过统一的接口与各个容器引擎之间进行互动。

（2）容器网络接口。提供网络资源，通过它，K8s 可以支持不同的网络环境。例如，鲲鹏 CCE 就是开发的 CNI 插件支持 K8s 集群运行在华为云 VPC 网络中。

（3）容器存储接口。提供存储资源，通过它，K8s 可以支持各种类型的存储。例如，鲲鹏 CCE 就可以方便地对接华为云块存储、文件存储和对象存储。

4. K8s 中的基本对象

上面介绍了 K8s 集群的架构，下面将介绍 K8s 中的部分基本对象及它们之间的一些关系。K8s 中的基本对象如图 5-6 所示。

（1）Pod。

Pod 是 K8s 创建或部署的最小单位。一个 Pod 封装一个或多个容器、存储资源（Volume）、一个独立的网络 IP 以及管理控制容器运行方式的策略选项。

（2）Deployment。

Deployment 是对 Pod 的服务化封装。一个 Deployment 可以包含一个或多个 Pod，每个 Pod 的角色相同，所以系统会自动为 Deployment 的多个 Pod 分发请求。

（3）StatefulSet。

StatefulSet 是用来管理有状态应用的对象。和 Deployment 相同的是，StatefulSet 管理着基于相同容器定义的一组 Pod。和 Deployment 不同的是，StatefulSet 为它管理的每个 Pod 维护了一个固定的 ID。这些 Pod 是基于相同的声明来创建的，但是不能相互替换，无论怎么调度，每个 Pod 都有一个永久不变的 ID。

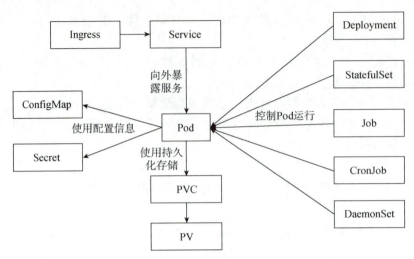

图 5-6　K8s 中的基本对象

（4）Job。

Job 是用来控制批处理型任务的对象。批处理业务与长期伺服业务（Deployment）的主要区别是批处理业务的运行有头有尾，而长期伺服业务在用户不停止的情况下永远运行。Job 管理的 Pod 根据用户的设置将任务成功完成后就自动退出（Pod 自动删除）。

（5）CronJob。

CronJob 是基于时间控制的 Job，类似于 Linux 操作系统的 crontab，在指定的时间周期运行指定的任务。

（6）DaemonSet。

DaemonSet 是这样一种对象（守护进程）：它在 K8s 集群的每个节点上运行一个 Pod，且保证只有一个 Pod，这非常适合一些系统层面的应用，如日志收集、资源监控等，这类应用需要每个节点都运行，且不需要太多实例。一个比较好的例子就是 K8s 的 kube-proxy。

（7）Service。

Service 是用来解决 Pod 访问问题的。Service 有一个固定 IP 地址，它将访问流量转发给 Pod，而且可以给这些 Pod 做负载均衡。

（8）Ingress。

Service 是基于 4 层 TCP 和 UDP 转发的，Ingress 可以基于 7 层的 HTTP 和 HTTPS 转发，可以通过域名和路径做到更细粒度的划分。

5.1.4　容器网络

K8s 本身并不负责网络通信，它提供了 CNI，具体的网络通信交给 CNI 插件来负责，开源的 CNI 插件非常多，如 Flannel、Calico 等，鲲鹏 CCE 也专门为 K8s 定制了 CNI 插件（Canal 和 Yangste），使 K8s 可以使用华为云 VPC 网络。

K8s 虽然不负责网络，但要求集群中的 Pod 能够互相通信，且 Pod 必须通过非 NAT 网络连接，即收到的数据包的源 IP 就是发送数据包 Pod 的 IP。同时，Pod 与节点之间的通信也是通过非 NAT 网络。但是，Pod 访问集群外部时，源 IP 会被修改成节点的 IP。

Pod 内部是通过虚拟以太网（Ethernet）接口对（Veth pair）与 Pod 外部连接，Veth pair 就像一根网线，一端留在 Pod 内部，一端留在 Pod 外部。同一个节点上的 Pod 通过网桥（Bridge）通信，如图 5-7 所示。

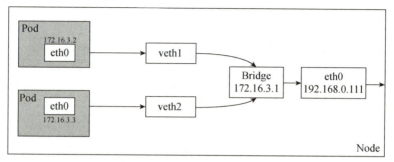

图 5-7　同一个节点中的 Pod 通信

不同节点之间的网桥连接方式有很多种，这跟具体实现相关。但集群要求 Pod 的地址唯一，所以跨节点的网桥通常使用不同的地址段，以防止 Pod 的 IP 重复，不同节点上的 Pod 通信如图 5-8 所示。

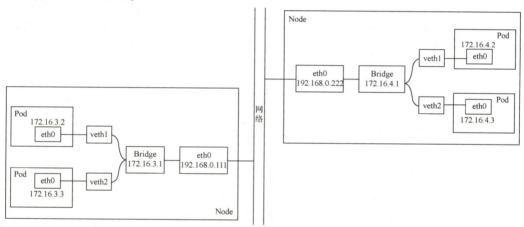

图 5-8　不同节点上的 Pod 通信

5.2　基于鲲鹏架构的云容器引擎

K8s 是主流的开源容器编排平台。为了让用户可以方便地在华为云上使用 K8s 管理容器应用，华为云推出了基于原生 K8s 的云容器引擎（CCE）。

华为云是全球首批 K8s 认证服务提供商（K8s Certified Service Provider，KCSP），是国内最早投入 K8s 社区的厂商，是容器开源社区的主要贡献者和容器生态领导者。华为云也是 CNCF 的创始成员及白金会员，CCE 是全球首批通过 CNCF K8s 一致性认证的容器服务。

5.2.1　云容器引擎

CCE 提供高度可扩展的、高性能的企业级 K8s 集群，支持运行 Docker 容器。借助 CCE，用户可以在云上轻松部署、管理和扩展容器化应用程序。

CCE 深度整合了华为云高性能的计算（ECS、BMS）、网络（VPC、EIP、ELB）、存储（云硬盘、OBS、SFS）等服务，并支持 GPU、ARM、FPGA 等异构计算架构，支持多可用区、多区域容灾等技术构建高可用 K8s 集群，并提供高性能、可伸缩的容器应用管理能力，简化集群的搭建和扩容等工作，让用户专注于容器化应用的开发与管理。

5.2.2 云容器引擎的功能

CCE 提供高度可扩展的、高性能的企业级 K8s 集群，包括集群管理、节点管理、节点池管理、工作负载、亲和（反亲和）性调度、容器网络、容器存储、插件管理、模板市场、弹性伸缩、权限管理、系统管家等功能，为用户提供一站式容器平台服务。下面主要介绍其中几种 CCE 的功能。

1. 集群管理

CCE 是一种托管的 K8s 服务，可进一步简化基于容器的应用程序部署和管理，用户可以在云容器中方便地创建 K8s 集群、部署容器化应用，以及方便地管理和维护。

（1）一站式部署和运维。使用 CCE，用户可以一键创建 K8s 容器集群，无须自行搭建 Docker 和 K8s 集群。用户可以通过 CCE 自动化部署和一站式运维容器应用，使应用的整个生命周期都在 CCE 内高效完成。

（2）支持多类型容器集群。通过 CCE 可以直接使用华为云高性能的 ECS、BMS、GPU 加速云服务器等多种异构基础设施，用户可以根据业务需要在 CCE 中快速创建 CCE 集群、鲲鹏集群、CCE Turbo 集群，并通过 CCE 对创建的集群进行统一管理。集群管理功能介绍如表 5-2 所示。

表 5-2 集群管理功能介绍

功能模块	功能概述
CCE Turbo 集群	支持虚拟机和 BMS 混合部署，基于华为云新一代高性能基础设施提供极致的性能体验
CCE 集群	CCE 集群支持虚拟机与 BMS 混合，支持 GPU、神经网络处理器（Neural-Network Processing Unit，NPU）等异构节点的混合部署，基于高性能网络模型提供全方位、多场景、安全稳定的容器运行环境
鲲鹏集群	鲲鹏集群（ARM 指令集）提供了容器在鲲鹏（ARM 架构）服务器上的运行能力，提供与 x86 服务器相同的调度伸缩、快速部署能力，并具有大幅降低成本的潜力
集群弹性扩容	根据实际业务需要对 CCE 集群的工作节点进行扩容和缩容，当集群中出现由于资源不足而无法调度的工作负载时，可自动触发扩容，从而降低人力成本
集群升级	通过 BMS 管理控制台快速升级到 K8s 最新版本或 bugfix 版本，以支持新特性的使用
集群监控	实时查看每个集群控制节点的资源使用情况，了解 CCE 集群控制节点的监控指标，及时收到异常告警并做出反应，保证业务顺畅运行

2. 节点管理

节点是容器集群组成的基本元素。节点取决于业务，既可以是虚拟机，也可以是物理机。每个节点都包含运行 Pod 所需要的基本组件，包括 kubelet、kube-proxy、Container Runtime 等。在 CCE 中，主要采用高性能的 ECS 或 BMS 作为节点来构建高可用的 K8s 集群。节点管理功能介绍如表 5-3 所示。

表 5-3　节点管理功能介绍

功能模块	功能概述
添加节点	支持两种添加节点的方式：购买节点和纳管节点，纳管节点是指"将已购买的 ECS 加入 CCE 集群中"
	支持虚拟机、BMS、GPU、NPU 等异构节点的购买添加
节点监控	CCE 通过 CES 为用户提供节点的监控，每个节点对应一台 ECS
重置节点	在 CCE 集群中重置节点，会将该节点以及节点内运行的业务都销毁，重置前请确认正常业务的运行不受影响，应谨慎操作。该功能支持 v1.13 及以上版本的集群
删除节点	在 CCE 集群中删除节点会将该节点以及节点内运行的业务都销毁，删除前请确认正常业务的运行不受影响，应谨慎操作

3. 节点池管理

支持创建新的自定义节点池，借助节点池基本功能可以方便、快捷地创建、管理和销毁节点，而不会影响整个集群。新节点池中所有节点的参数和类型都彼此相同，用户无法在节点池中配置单个节点，任何配置更改都会影响节点池中的所有节点。节点池管理功能介绍如表 5-4 所示。

表 5-4　节点池管理功能介绍

功能模块	功能概述
创建节点池	创建节点池、查看节点池
管理节点池	编辑节点池、删除节点池、复制节点池、迁移节点池

4. 工作负载

工作负载是在 K8s 上运行的应用程序。无论用户的工作负载是单个组件还是协同工作的多个组件，都可以在 K8s 上的一组 Pod 中运行它。在 K8s 中，工作负载是对一组 Pod 的抽象模型，用于描述业务的运行载体，包括 Deployment、StatefulSet、DaemonSet、Job、CronJob 等多种类型。

CCE 提供基于 K8s 原生类型的容器部署和管理能力，支持容器工作负载部署、配置、监控、扩容、升级、卸载、服务发现及负载均衡等生命周期管理。工作负载功能介绍如表 5-5 所示。

表 5-5　工作负载功能介绍

功能模块	功能概述
设置容器规格	支持在创建工作负载时为添加的容器设置资源限制。可以对工作负载中每个实例所用的 CPU 配额、内存配额进行申请和限制，对每个实例所用的 GPU 和昇腾 310 配额设置使用或不使用
设置容器生命周期	提供了回调函数，在容器的生命周期的特定阶段执行调用，例如容器在停止前希望执行某项操作，就可以注册相应的钩子函数

功能模块	功能概述
设置容器启动命令	创建工作负载或任务时，通常通过镜像指定容器中运行的进程。在默认情况下，镜像会运行默认命令，如果想运行特定命令或重写镜像默认值，则需要用到以下设置。 （1）工作目录：指定运行命令的工作目录，若镜像中未指定工作目录，且在界面中也未指定，则默认是"/"。 （2）运行命令：控制镜像运行的实际命令。 （3）运行参数：传递给运行命令的参数
设置容器健康检查	健康检查是指容器运行过程中，根据用户需要，定时检查容器健康状况。若不设置健康检查，服务出现业务异常，Pod 将无法感知，也不会自动重启去恢复业务。最终出现虽然 Pod 状态显示正常，但其中的业务异常的情况。系统提供了以下两种健康检查的探针。 （1）工作负载存活探针：用于检测容器是否正常，类似于执行 ps 命令检查进程是否存在。若容器的存活检查失败，则集群会对该容器执行重启操作；若容器的存活检查成功，则不执行任何操作。 （2）工作负载业务探针：用于检查用户业务是否就绪，如果未就绪，则不转发流量到当前实例。一些程序的启动时间可能很长，如要加载磁盘数据或要依赖外部的某个模块启动完成才能提供服务，这时候程序进程在，但是并不能对外提供服务，这种场景下该检查方式就非常有用。若容器的就绪检查失败，则集群会屏蔽请求访问该容器；若容器的就绪检查成功，则会开放对该容器的访问
设置环境变量	环境变量是指容器运行环境中设定的一个变量，它可以在工作负载部署后修改，为工作负载提供极大的灵活性
采集容器日志	支持配置工作负载日志策略，便于日志的统一收集、管理和分析，以及按周期防爆处理

5. 亲和/反亲和性调度

CCE 提供工作负载和可用区、工作负载和节点，以及工作负载间的亲和性（反亲和）调度。用户可根据业务需求设置亲和性，实现工作负载的就近部署、容器间通信就近路由，减少网络消耗；用户也可以对同个工作负载的多个实例设置反亲和部署，减少宕机影响，对互相干扰的应用反亲和部署，避免干扰。调度策略功能介绍如表 5-6 所示。

表 5-6 调度策略功能介绍

功能模块	功能概述
自定义调度策略	开放节点亲和、工作负载亲和以及工作负载反亲和调度策略的配置，以满足用户的更高需求。在自定义调度策略中，用户可以设置"节点亲和性""工作负载亲和性""工作负载反亲和性"等属性
简易调度策略	提供简单、便捷以及足够功能的调度方式。简易调度策略提供工作负载和可用区的亲和性、工作负载和节点的亲和性以及工作负载间的亲和性调度，用户可根据业务需求进行相应的设置部署工作负载

6. 网络访问方式

CCE 通过将 K8s 网络和华为云 VPC 深度集成，提供了稳定、高性能的网络访问方式，能够满足多种复杂场景下工作负载间的互相访问。网络访问方式功能介绍如表 5-7 所示。

表 5-7 网络访问方式功能介绍

功能模块	功能概述
Service	Service 是一种资源，提供了用户访问单个或多个容器应用的能力。每个服务在其生命周期内，都拥有一个固定的 IP 地址和端口。每个服务对应了后台的一个或多个 Pod，通过这种方式，客户端就不需要关心 Pod 所在的位置，方便后端进行 Pod 扩容、缩容等操作。支持的 Service 类型包括以下几种。 （1）集群内访问（ClusterIP）：仅在集群内访问服务。 （2）节点访问（NodePort）：使用节点私有 IP 或弹性公网 IP 访问服务。 （3）负载均衡（LoadBalancer）：使用弹性负载均衡器访问服务。 （4）DNAT 网关（DNAT）：通过 DNAT 网关访问服务
7 层负载均衡（Ingress）	7 层负载均衡采用了共享型负载均衡和独享型负载均衡，在 4 层负载均衡访问方式的基础上支持了统一资源定位系统（Uniform Resource Locator，URL）配置，通过对应的 URL 将访问流量分发到对应的服务。同时，服务根据不同 URL 实现不同的功能
网络策略（Network Policy）	基于 K8s 的网络策略功能进行了了加强，通过配置网络策略，允许在同个集群内实现网络的隔离，即可以在某些实例（Pod）之间架起防火墙。使用场景如下：某个用户有支付系统，且严格要求只能某几个组件能访问该支付系统，否则有被攻破的安全风险，通过配置网络策略可免除该风险
网络平面	网络平面是集群的一种 crd 资源，为容器对接弹性网络接口（Elastic Network Interface，ENI）提供配置项，如 VPC、子网等。关联网络平面的工作负载支持对接弹性网卡服务，容器能直接绑定弹性网卡，并对外提供服务

7. 弹性伸缩

CCE 支持集群节点、工作负载的弹性伸缩，支持手动伸缩和自动弹性伸缩，并可以自由组合多种弹性策略以应对业务高峰期的突发流量浪涌。弹性伸缩功能介绍如表 5-8 所示。

表 5-8 弹性伸缩功能介绍

功能模块	功能概述
工作负载伸缩	提供 HPA 策略和 Customed HPA 策略两种创建方式。 HPA 策略：即 Horizontal Pod Autoscaling，是 K8s 中实现 Pod 水平自动伸缩的功能。该策略在 K8s 社区 HPA 功能的基础上，增加了 HPA 级别的冷却时间窗和扩缩容阈值等功能。 Customed HPA 策略：华为云自研的弹性伸缩增强能力，能够基于指标（CPU 利用率、内存利用率）或周期（每天、每周、每月或每年的具体时间点），对无状态工作负载进行弹性扩缩容
节点伸缩	通过节点自动伸缩组件 autoscaler 实现的，可以按需弹出节点实例，支持多可用区、多实例规格、多种伸缩模式，满足不同的节点伸缩场景

5.2.3 云容器引擎的优势

1. 一站式部署和运维

使用 CCE，用户可以一键创建 K8s 容器集群，无须自行搭建 Docker 和 K8s 集群，也可以通过 CCE 自动化部署和一站式运维容器应用，使应用的整个生命周期都在 CCE 内高效完成。

2. 支持多种持久化存储卷

CCE 除支持本地磁盘存储外，还支持将工作负载数据存储在华为云的云存储上，当前支持的云存储包括：云硬盘(EVS)、弹性文件服务(SFS)、对象存储服务(OBS)和极速文件存储卷(SFS Turbo)。

3. 支持多类型容器集群

通过 CCE，用户可以直接使用华为云高性能的 ECS、BMS、GPU 加速云服务器等多种异构基础设施，可以根据业务需要在 CCE 中快速创建混合集群、鲲鹏集群、裸金属集群和 GPU 容器集群，并通过 CCE 对创建的集群进行统一管理，如图 5-9 所示。

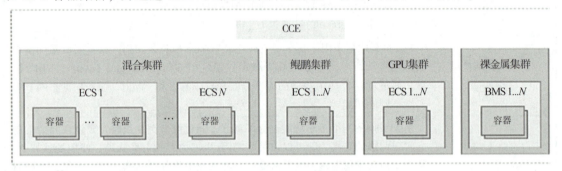

图 5-9　多类型容器集群管理

5.2.4　云容器引擎的应用场景

CCE 的应用场景广泛，具体应用场景如下。

1. 基础设施与容器应用管理

(1)应用场景。

CCE 集群支持管理 x86 资源池和 ARM 资源池，能方便地创建 K8s 集群、部署容器化应用，以及方便地管理和维护，如图 5-10 所示。

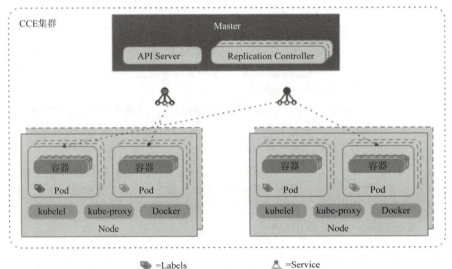

图 5-10　CCE 集群

（2）价值。

通过容器化改造，可以降低应用部署资源成本，提升应用部署效率和升级效率，可以实现升级时业务不中断以及统一的自动化运维。

（3）优势。CCE 提供以下优势，能够很好地支持这类场景。

①多种类型的容器部署。支持部署无状态工作负载、有状态工作负载、守护进程集、普通任务、定时任务等。

②应用升级。支持替换升级、滚动升级（按比例、实例个数进行滚动升级）；支持升级回滚。

③弹性伸缩。支持节点和工作负载的弹性伸缩，如图 5-11 所示。

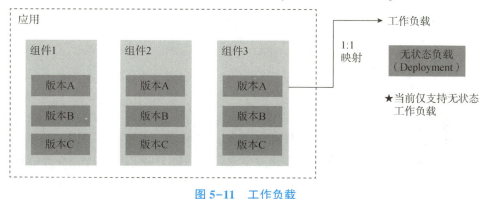

图 5-11　工作负载

2. 秒级弹性伸缩

（1）应用场景。

①访问流量较大的论坛网站，业务负载变化难以预测，需要根据实时监控到的 CPU 使用率、内存使用率等指标进行扩缩容。

②电商网站，在进行大型促销活动时，需要根据 CPU 和内存使用率进行实时扩缩容，以保证促销活动顺利进行。

③视频直播网站，如每天 14：00-16：00 播出热门节目，则需要定时扩容，保证业务的平稳运行。

CCE 可以根据业务流量自动对业务扩容或缩容。

（2）价值。

CCE 可根据用户的业务需求预设策略自动调整计算资源，使云服务器或容器数量自动随业务负载增长而增加，随业务负载降低而减少，不需要人工干预，避免流量激增扩容不及时导致系统崩溃，以及平时大量闲置资源造成浪费。

（3）优势。CCE 提供以下优势，能够很好地支持这类场景。

①快速响应。业务流量达到扩容指标，秒级触发容器扩容操作。

②全自动。整个扩容和缩容过程完全自动化，无须人工干预。

③低成本。流量降低自动缩容，避免资源浪费。

推荐搭配使用弹性云服务器（ECS）+ 云监控服务（CES）。CCE 运行在 ECS 上，由 ECS 承载业务容器，通过 CES 来检测集群负载，从而根据监控到的 CPU 和内存等数据实现扩缩容，以满足业务的需要，如图 5-12 所示。

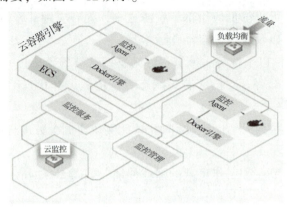

图 5-12　弹性伸缩应用场景

3. 高性能调度

CCE 通过集成 Volcano 提供高性能计算能力。

Volcano 是基于 K8s 的批处理系统。Volcano 提供了一个针对大数据和 AI 场景下，通用、可扩展、高性能、稳定的原生批量计算平台，方便 AI、大数据、基因、渲染等诸多行业通用计算框架接入，提供高性能任务调度引擎，高性能异构芯片管理，高性能任务运行管理等能力。

（1）应用场景。

①多类型作业混合部署。随着各行各业的发展，涌现出越来越多的领域框架来支持业务的发展，这些框架都在相应的业务领域有着不可替代的作用，如 Spark、Tensorflow、Flink 等。在业务复杂性能不断增加的情况下，单一的领域框架很难应对现在复杂的业务场景，因此现在普遍使用多种框架达成业务目标。但随着各个领域框架集群的不断扩大，以及单个业务的波动性，各个子集群的资源浪费比较严重，越来越多的用户希望通过统一调度系统来解决资源共享的问题。

②多队列场景调度优化。用户在使用集群资源的时候通常会涉及资源隔离与资源共享，K8s 中没有队列的支持，所以它在多个用户或多个部门共享一台机器时无法做资源共享。但无论是在高性能计算还是大数据领域中，通过队列进行资源共享都是基本的需求。

③多种高级调度策略。当用户向 K8s 申请容器所需的计算资源（如 CPU、Memory、GPU 等）时，调度器负责挑选出满足各项规格要求的节点来部署这些容器。通常，满足各项要求的节点并非唯一，且水位（节点已有负载）各不相同，使用不同的分配方式，最终得到的分配率存在差异。因此，调度器的一项核心任务就是以最终资源利用率最优的目标从众多候选机器中挑出最合适的节点。

（2）价值。

面向 AI 计算的容器服务，采用高性能 GPU 计算实例，并支持多容器共享 GPU 资源，在 AI 计算性能上比通用方案提升 3~5 倍，并大幅度降低了 AI 计算的成本，同时帮助数据工程师在集群上轻松部署计算应用，用户无须关心复杂的部署运维，专注核心业务，快速实现从 0 到 1 快速上线。

（3）优势。CCE 通过集成 Volcano，在高性能计算、大数据、AI 等领域有如下优势。

①多种类型作业混合部署。支持 AI、大数据、高性能计算作业类型混合部署。

②多队列场景调度优化。支持分队列调度，提供队列优先级、多级队列等复杂任务调度能力。

③多种高级调度策略。支持 gang-scheduling、公平调度、资源抢占、GPU 拓扑等高级调度策略。

④多任务模板。支持单一 Job 多任务模板定义，打破 K8s 原生资源束缚，Volcano Job 描述多种作业类型（Tensorflow、MPI、PyTorch 等）。

建议搭配使用 GPU 加速云服务器 + 弹性负载均衡（ELB）+ 对象存储服务（OBS）。用户在访问资源时通过 ELB 实现负载分担到 CCE 集群不同的节点上，集群节点由 GPU 加速云服务器提供所需计算资源，计算后的资源可存储在 OBS 中，如图 5-13 所示。

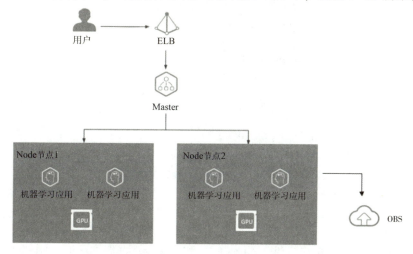

图 5-13　AI 计算

4. DevOps 持续交付

（1）应用场景。

当前 IT 行业发展日益快速，面对海量需求，必须具备快速集成的能力。只有经过快速持续集成，才能保证不间断地补全用户体验，提升服务质量，为业务创新提供源源不断的动力。大量交付实践表明，除了传统企业外，互联网企业也在持续集成方面存在研发效率低、工具落后、发布频率低等方面的问题，需要通过持续交付提高效率，降低发布风险。

（2）价值。

CCE 搭配 SWR 提供 DevOps 持续交付能力，能够基于代码源自动完成代码编译、镜像构建、灰度发布、容器化部署，实现一站式容器化交付流程，并可对接已有 CI/CD，完成传统应用的容器化改造和部署，如图 5-14 所示。

（3）优势。CCE 提供以下优势，能够很好地支持这类场景。

①高效流程管理。更优的流程交互设计，脚本编写量较传统 CI/CD 流水线减少 80%

以上，让 CI/CD 管理更高效。

②灵活的集成方式。提供丰富的接口便于与企业已有的 CI/CD 系统进行集成，灵活适配企业的个性化诉求。

③高性能。全容器化架构设计，任务调度更灵活，执行效率更高。

建议搭配使用容器镜像服务（SWR）+对象存储服务（OBS）+虚拟专用网络（VPN）。

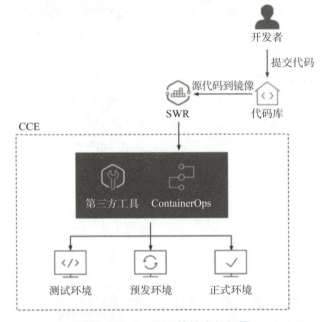

图 5-14 DevOps 持续交付场景

5. 混合云架构

（1）应用场景。

CCE 利用容器环境无关的特性，将私有云和公有云容器服务实现网络互通和统一管理，应用和数据可在云上、云下无缝迁移，并可统一运维多个云端资源，无须在多种云管理控制台中反复切换，从而实现资源的灵活使用以及业务容灾等目的。

（2）优势。

①在云上伸缩应用。业务高峰期，在云端快速扩容，把一些业务流量引到云端。

②云上容灾。业务系统同时部署到云上和云下，云下提供服务，云上容灾。

③云下开发测试。云下开发测试后的应用无缝发布到云上。

推荐搭配使用弹性负载均衡服务 ELB+云主线（DC）/虚拟专有网络（VPN）+容器镜像服务（SWR）。图 5-15 所示为混合云场景：某企业本地数据中心和华为云端数据中心互联，客户 IDC 和云端数据中心使用 DC 或 VPN，保证数据传输时的安全。在容器服务控制台上可同时管理云上云下的资源，不需要在多种云管理控制台中反复切换。用户还可在云上伸缩应用，通过本地数据中心创建的容器镜像上传到 SWR 来快速搭建业务，从而实现业务高峰期在云端快速扩容，把一些业务流量引到云端。除此之外，云上容灾业务系统可同时部署到云上和云下，云下提供服务，云上容灾。

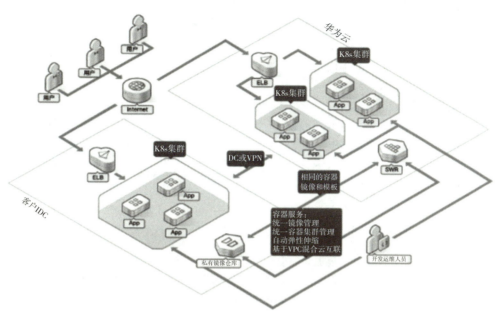

图 5-15 混合云场景

5.2.5 云容器引擎与其他云服务的关系

CCE 需要与其他云服务协同工作，CCE 需要获取如图 5-16 所示的云服务资源的权限。

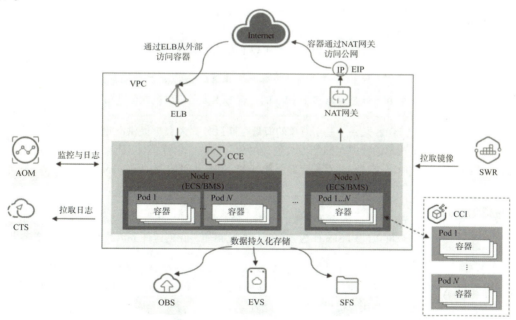

图 5-16 CCE 与其他服务的关系

CCE 与其他云服务的关系如表 5-9 所示。

表 5-9　CCE 与其他云服务的关系

相关服务	交互
弹性云服务器(ECS)	在 CCE 中具有多个云硬盘的一台 ECS 就是一个节点,可以在创建节点时指定 ECS 的规格
虚拟私有云(VPC)	在 CCE 中创建的集群需要运行在虚拟私有云中,用户创建命名空间时,需要创建或关联虚拟私有云,创建在命名空间的容器都运行在虚拟私有云之内,从而保障网络安全
弹性负载均衡(ELB)	CCE 支持将创建的应用对接到弹性负载均衡,从而提高应用系统对外的服务能力,提高应用程序容错能力。用户可以通过弹性负载均衡,从外部网络访问容器负载
NAT 网关	NAT 网关能够为虚拟私有云内的容器实例提供网络地址转换(Network Address Translation)服务,SNAT 功能通过绑定弹性公网 IP,实现私有 IP 向公有 IP 的转换,可实现虚拟私有云内的容器实例共享弹性公网 IP 访问 Internet。用户可以通过 NAT 网关设置 SNAT 规则,使容器能够访问 Internet
容器镜像服务(SWR)	SWR 提供的镜像仓库是用于存储、管理 Docker 容器镜像的场所,可以让使用人员轻松存储、管理、部署 Docker 容器镜像 用户可以使用 SWR 中的镜像创建负载
云容器实例(CCI)	CCI 的 Serverless Container 是从使用角度出发,无须创建、管理 K8s 集群,即从使用的角度看不见服务器(Serverless),直接通过控制台、kubectl、K8s API 创建和使用容器负载,且只需为容器所使用的资源付费。当 CCE 集群资源不足时,支持将 Pod 弹性部署到 CCI 集群
云硬盘(EVS)	可以将 EVS 挂载到云服务器,并可以随时扩容 EVS 的容量。在 CCE 中,一个节点就是具有多个 EVS 的一台 ECS,用户可以在创建节点时指定 EVS 的大小
对象存储服务(OBS)	OBS 是一个基于对象的海量存储服务,为客户提供海量、安全、高可靠、低成本的数据存储能力,包括创建、修改、删除桶,上传、下载、删除对象等。CCE 支持创建对象存储服务(OBS)并挂载到容器的某一路径下
弹性文件服务(SFS)	SFS 提供托管的共享文件存储,符合标准文件协议(NFS),能够弹性伸缩至 PB 规模,具备可扩展的性能,为海量数据、高带宽型应用提供有力支持。用户可以使用 SFS 作为容器的持久化存储,在创建任务负载的时候挂载到容器上
应用运维管理(AOM)	CCE 对接了 AOM,AOM 会采集容器日志存储中的".log"等格式日志文件,并将其转储到 AOM 中,方便用户查看和检索;并且 CCE 基于 AOM 进行资源监控,为用户提供弹性伸缩能力
云审计服务(CTS)	CTS 提供云服务资源的操作记录,记录内容包括用户从公有云管理控制台或开放 API 发起的云服务资源操作请求以及每次请求的结果,供用户查询、审计和回溯使用

5.3　基于鲲鹏架构的云容器实例

5.3.1　云容器实例

云容器实例(CCI)是敏捷安全的 Serverless 容器运行服务。用户无须管理底层服务器，也无须关心运行过程中的容量规划，只需要提供打包好的 Docker 镜像，即可运行容器，并仅为容器实际运行消耗的资源付费。

Serverless 是一种架构理念，是指不用创建和管理服务器、不用担心服务器的运行状态(服务器是否在工作等)，只需动态申请应用需要的资源，把服务器留给专门的维护人员管理和维护，进而专注于应用开发，提升应用开发效率，节约企业 IT 成本。传统上使用 K8s 运行容器，首先需要创建运行容器的 K8s 服务器集群，然后创建容器负载。

CCI 的 Serverless Container 就是从使用角度出发，无须创建、管理 K8s 集群，即从使用的角度看不见服务器(Serverless)，直接通过控制台、kubectl、K8s API 创建和使用容器负载，且只需为容器所使用的资源付费。开发者直接通过控制台或 API 即可实现对 CCI 的控制，CCI 可以直接对 Internet 进行访问，如图 5-17 所示。

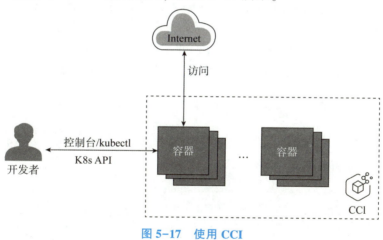

图 5-17　使用 CCI

CCI 为用户提供免运维、弹性、低成本、高效的容器运行环境。其核心功能主要有以下几个。

(1)一站式容器生命周期管理。

使用 CCI，用户无须创建和管理服务器集群即可直接运行容器。用户可以通过控制台、kubectl、K8s API 创建和使用容器负载，且只需为容器所使用的资源付费。

(2)支持多种类型计算资源。

CCI 提供了多种类型计算资源运行容器，包括 CPU，GPU(提供 NVIDIA Tesla V100、NVIDIA Tesla T4 显卡)。

(3)支持多种网络访问方式。

CCI 提供了丰富的网络访问方式，支持 4 层、7 层负载均衡，满足不同场景下的访问诉求。

（4）支持多种持久化存储卷。

CCI 支持将数据存储在云服务的云存储上，当前支持的云存储包括：云硬盘（EVS）、弹性文件服务（SFS）、对象存储服务（OBS）和极速文件存储卷（SFS Turbo）。

（5）支持极速弹性扩缩容。

CCI 支持用户自定义弹性伸缩策略，且能在 1 s 内实现弹性扩缩容，并可以自由组合多种弹性策略以应对业务高峰期的突发流量浪涌。

（6）全方位容器状态监控。

CCI 支持监控容器运行的资源使用率，包括 CPU、内存、GPU 和显存的使用率，方便实时掌控容器运行的状态。

CCI 提供 Serverless 容器服务，拥有多个异构的 K8s 集群，并集成网络、存储服务，让用户方便地通过控制台、kubectl、K8s API 创建和使用容器负载。

在如图 5-18 所示的 CCI 产品架构图中可以了解到：

①基于云平台底层网络和存储服务（VPC、ELB、NAT、云硬盘、OBS、SFS 等），提供丰富的网络和存储功能；

②提供高性能、异构的基础设施（x86 服务器、GPU 加速型服务器、Ascend 加速型服务器），容器直接运行在物理服务器上；

③使用 Kata 容器提供虚拟机级别的安全隔离，结合自有硬件虚拟化加速技术，提供高性能安全容器；

④多集群统一管理，容器负载统一调度，使用上无须感知集群存在；

⑤基于 K8s 的负载模型提供负载快速部署、弹性负载均衡、弹性扩缩容、蓝绿发布等重要能力。

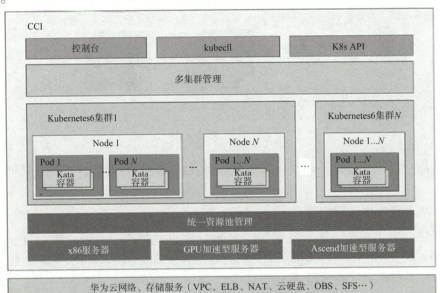

图 5-18　CCI 产品架构

5.3.2　云容器实例搭建 2048 游戏

本小节将以创建一个名为 2048 的静态 Web 应用（2048 游戏），并将该应用部署在 CCI

上运行为例，介绍如何使用 CCI。

读者可按如图 5-19 所示的流程学习如何使用 CCI。

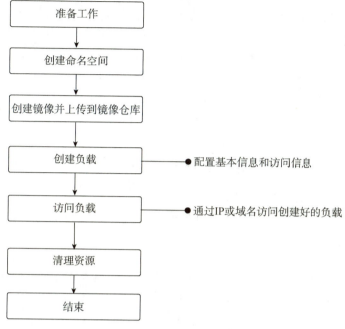

图 5-19　CCI 使用流程

在使用 CCI 前，需要完成以下任务。

1. 注册华为云账户并实名认证

如果已有一个华为云账户，则跳到下一个任务。如果没有华为云账户，则参考以下步骤创建。

（1）打开 https：//www.huaweicloud.com/，在弹出的界面中单击"注册"。

（2）根据提示信息完成注册。

（3）华为云账户注册成功后，系统会自动跳转至个人信息界面。

在使用公有云账户购买资源时需要实名认证，所以在注册完账户后应完成实名认证。

2. 为账户充值

华为云账户注册成功并实名认证后，需要确保账户中有足够金额。

3. 创建 IAM 用户

如果需要多用户协同操作管理华为云账户下的资源，为了避免共享密码或访问密钥，可以通过 IAM 创建用户，并授予用户对应权限。这些用户可以使用特别的登录链接和自己单独的用户账户访问华为云，从而高效地管理资源，还可以设置账户安全策略确保这些账户的安全，从而降低企业信息安全风险。

华为云注册账户无须授权，由华为云账户创建的 IAM 用户需要授予相应的权限才能使用 CCI。

5.3.3　构建 2048 游戏镜像并上传到镜像仓库

要将已有的应用部署在 CCI 上运行，首先需要将应用构建镜像并上传到镜像仓库，然后在 CCI 创建负载时，拉取上传的镜像。

1. 安装容器引擎

上传镜像前，需要安装容器引擎，如果已经安装了容器引擎，则要确保容器引擎的版本为 1.11.2 及以上版本。

(1)参考购买 ECS，创建一台带有公网 IP 的 Linux ECS。

(2)作为演示，ECS 和公网 IP 的规格不需要太高。例如，鲲鹏 ECS 的规格为"2vCPUs｜4GB"，公网 IP 带宽为"1 Mbit/s"即可，操作系统选择"CentOS 7.6"。

返回 ECS 列表，单击"远程登录"，登录购买的 ECS。

(3)使用如下命令快速安装容器引擎。

```
curl- fsSL get. docker. com- o get- docker. sh
sh get- docker. sh
sudo systemctl daemon- reload
sudo systemctl restart docker
```

2. 构建镜像

下面以如何使用 Dockerfile，并使用 Nginx 为基础镜像构建镜像 2048 为例进行介绍。在构建镜像之前，需要先创建 Dockerfile 文件。

(1)从镜像仓库拉取 Nginx 镜像作为基础镜像。

```
docker pull nginx
```

(2)下载 2048 静态页面应用。

```
git clone https://gitee. com/jorgensen/2048. git
```

(3)构建 Dockerfile。
①输入命令。

```
vi Dockerfile
```

②编辑 Dockerfile 文件内容。

```
FROM nginx
MAINTAINER Allen. Li@gmail. com
COPY. /usr/share/nginx/html
EXPOSE 80
CMD ["nginx","- g","daemon off;"]
```

nginx 为基础镜像，基础镜像可根据创建的应用类型进行选择。例如，创建的是 Java 应用，基础镜像可选择 Java 镜像；/usr/share/nginx/html 为 nginx 存放 Web 静态页面的路径；80 为容器端口。

(4)构建镜像 2048。
①输入命令。

```
docker build- t=' 2048' .
```

构建镜像成功，如图 5-20 所示。

```
[root@ecs-8b9a ~]# docker build -t='2048' .
Sending build context to Docker daemon  1.343MB
Step 1/5 : FROM nginx
 ---> dd34e67e3371
Step 2/5 : MAINTAINER Allen.Li@gmail.com
 ---> Running in c10a4ae5b0f2
Removing intermediate container c10a4ae5b0f2
 ---> bae735c6b9e5
Step 3/5 : COPY . /usr/share/nginx/html
 ---> 50d8b973a076
Step 4/5 : EXPOSE 80
 ---> Running in ada8dcf0df3f
Removing intermediate container ada8dcf0df3f
 ---> 45d7fccc6ad4
Step 5/5 : CMD ["nginx", "-g", "daemon off;"]
 ---> Running in fcafc573a441
Removing intermediate container fcafc573a441
 ---> 71eecd989add
Successfully built 71eecd989add
Successfully tagged 2048:latest
```

图 5-20　成功构建镜像

②查询镜像。

```
docker images
```

若显示如图 5-21 所示的内容，则说明镜像构建成功。

```
REPOSITORY      TAG        IMAGE ID        CREATED          SIZE
2048            latest     71eecd989add    3 minutes ago    134MB
nginx           latest     dd34e67e3371    2 days ago       133MB
```

图 5-21　查询镜像

3. 上传镜像

（1）连接 SWR。可以通过以下 3 个步骤连接 SWR。

①登录华为云控制台，展开"所有服务"，选择"容器服务"→"容器镜像服务"。

②在左侧导航栏中选择"我的镜像"，在右侧页面中单击"客户端上传"，在弹出的页面中单击"生成临时登录指令"，单击 🗇 复制登录指令。

③在安装容器引擎的机器中执行上一步复制的登录指令。

登录成功会显示"login succeeded"。

（2）上传镜像。可以通过以下两个步骤上传镜像。

①在安装容器引擎的机器中给 2048 镜像打标签，格式如下。

```
docker tag [镜像名称:版本名称] [镜像仓库地址]/[镜像的组织名称]/[镜像名称:版本名称]
```

例如以下内容。

```
docker tag 2048:latest swr. cn- north- 4. myhuaweicloud. com/hwstaff_pub_cbuinfo/2048:latest
```

swr. cn-north-4. myhuaweicloud. com 为 SWR 的镜像仓库地址。

hwstaff_pub_cbuinfo 为镜像的组织名称。

2048: latest 为镜像名称和版本号。

②上传镜像到镜像仓库，格式如下。

docker push [镜像仓库地址]/[组织名称]/[镜像名称:版本名称]

例如以下内容。

docker push 2048:latest swr. cn- north- 4. myhuaweicloud. com/hwstaff_pub_cbuinfo/2048:latest

终端显示如下信息，表明上传镜像成功。

6d6b9812c8ae:Pushed
695da0025de6:Pushed
fe4c16cbf7a4:Pushed
v1:digest:sha256:eb7e3bbd8e3040efa71d9c2cacfa12a8e39c6b2ccd15eac12bdc49e0b66cee63 size:948

返回 SWR 控制台，在"我的镜像"页面中执行刷新操作后，可查看对应的镜像信息。

5.3.4 2048 游戏搭建步骤

1. 创建命名空间

(1)登录 CCI 管理控制台。

(2)在左侧导航栏中选择"命名空间"，在右侧页面"通用计算型"命名空间下单击"创建"。

(3)填写命名空间名称。

设置 VPC，选择使用已有 VPC 或新建 VPC，新建 VPC 需要填写 VPC 网段，建议使用网段：10. 0. 0. 0/8 ~ 10. 0. 0. 0/22，172. 16. 0. 0/12 ~ 172. 16. 0. 0/22，192. 168. 0. 0/16 ~ 192. 168. 0. 0/22。

(4)设置子网网段。

需要关注子网的可用 IP 数，确保有足够数量的可用 IP，如果没有可用 IP，则会导致负载创建失败。

(5)单击"创建"。

2. 创建负载

(1)登录 CCI 管理控制台。

(2)在左侧导航栏中选择"工作负载"→"无状态"，在右侧页面中单击"创建无状态负载"。

(3)添加基本信息。

负载名称：例如 deployment-2048。

命名空间：选择步骤 1 中创建的命名空间。

Pod 数量：本例中修改 Pod 的数量为 1。

Pod 规格：选择通用计算型，CPU 0.5 核，内存 1 GB。

容器配置：在"我的镜像"中选择上传的 2048，如图 5-22 所示。

图 5-22 容器配置

（4）设置负载访问信息。

选择负载访问方式，有以下 3 种选项。

①不启用。负载不提供外部访问方式，适合一些计算类场景，只需计算完存储结果即可，无须与外部通信。

②内网访问。内网访问将为当前负载配置一个负载域名或内网域名（虚拟 IP），使当前负载能够为内网中的其他负载提供服务，分为 Service 和 ELB 两种方式。

③公网访问。通过弹性负载均衡，从外部访问负载。

本例中选择负载访问方式为"公网访问"，这样可以通过负载均衡的 IP 和端口访问 2048 负载。

设置服务名称为"deployment-2048"，选择 ELB 实例，如果没有创建负载均衡，则可以单击"创建共享型 ELB 实例"进行创建。

设置 Ingress 名称为"ingress-2048"，ELB 协议为"HTTP"，端口为"8080"，如图 5-23 所示。

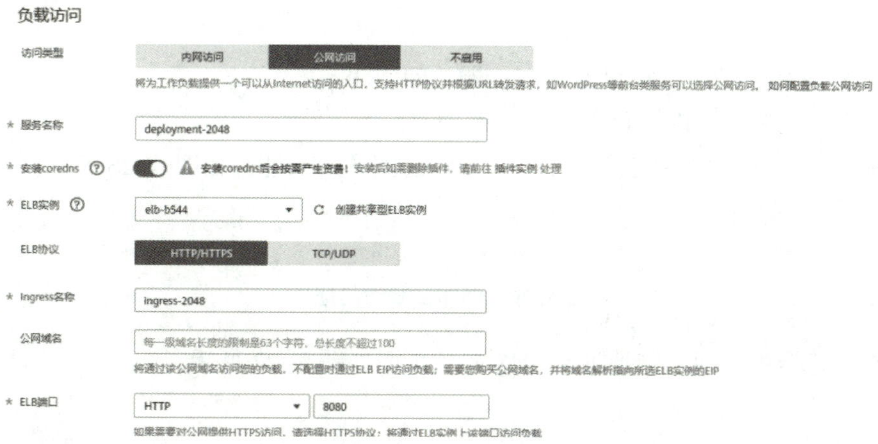

图 5-23 CCI 创建负载

设置负载端口为"80"（也可以选择其他端口），容器端口为"80"（容器端口必须为 80，因为镜像 2048 镜像配置的端口为 80）。

HTTP 路由映射路径为"/"并关联到负载访问端口，如图 5-24 所示。这样就可以通过"ELB IP 地址：端口"访问 Nginx 负载。

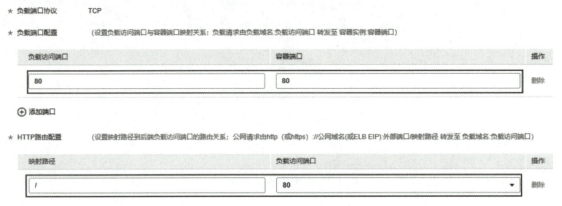

图 5-24　CCI 负载映射

（5）单击"下一步"，单击"提交"，单击"返回无状态负载列表"。

在负载列表中，待负载状态为"运行中"表示负载创建成功，如图 5-25 所示。

图 5-25　CCI 负载创建成功

3. 访问负载

工作负载创建成功后，可以通过浏览器访问 2048。

（1）单击负载名称，进入负载详情页面。

（2）选择"访问配置"→"公网访问"，复制公网访问地址，如图 5-26 所示。

图 5-26　CCI 负载访问地址

（3）在浏览器中访问公网地址。2048 游戏页面如图 5-27 所示。

图 5-27　2048 游戏页面

4. 清理资源

在左侧导航栏中选择"工作负载"→"无状态"，在无状态负载列表中单击 2048 的 🗑，删除工作负载。

5.4　本章小结

本章主要介绍了云原生、鲲鹏 CCE 和 CCI，以及容器、K8s 等相关概念。另外，本章还用 CCI 搭建了游戏 2048，让读者能够更直观地了解容器的应用。

习　题

一、选择题

1. 以下不属于鲲鹏云容器的应用场景的是(　　)。

A. DevOps　　　　B. 微服务治理　　　C. 混合云　　　　D. Oracle

2. 以下不属于鲲鹏云容器的产品的是(　　)。

A. AOM　　　　　B. SWR　　　　　C. CDR　　　　　D. AOS

3. K8s 中创建、调度、管理的最小单元是(　　)。

A. Node　　　　　B. Pod　　　　　C. Service　　　　D. Deployment

4. 以下哪项是 K8s 中用于持久化存储的组件？(　　)

A. api-server　　　B. ETCD　　　　C. kubelet　　　　D. event-controller

5. 在 K8s 集群中，Service 的内部访问是通过什么实现的(　　)？

A. NodePort　　　B. LoadBalancer　　C. ClusterIP　　　D. NameSpace

二、判断题

1. K8s 节点只可以使用物理机部署，不能使用虚拟机部署。　　　　　　　　(　　)

2. K8s 的 Master 节点只能有一个不支持高可用。　　　　　　　　　　　　(　　)

3. CCE 的控制节点支持单节点部署后升级成高可用部署。　　　　　　　　　(　　)

4. CCE 的工作节点必须是虚拟机，不支持裸金属。　　　　　　　　　（　　）

5. 容器技术起源于 Linux，是一种内核虚拟化技术，提供轻量级的虚拟化，以便隔离进程和资源。　　　　　　　　　　　　　　　　　　　　　　　　　（　　）

三、简答题

1. 简述 CCE 和 CCI 的区别。

2. 简述 K8s 的优势。

第6章 云容灾技术应用

随着云计算产业的蓬勃发展，越来越丰富的用户需求使得各种云服务迅速成为企业 IT 的底层依赖，保障 IT 业务无中断已经越来越困难。

企业用户之所以选择使用云服务，不仅是成本诉求，更多的是自身环境出现瓶颈，或是出于公司业务的发展战略；无论是什么诉求，业务系统的安全性和稳定性是永恒不变的前提。单云容灾模型"两地三中心"针对地质灾难导致的业务中断可以实现很好的业务恢复，但是针对单云系统级错误导致的业务无中断可能无能为力。因此，未来云计算的发展趋势将会围绕"多云备份，云上容灾"多重的基础保障策略，实现用户业务无中断。

放眼全球，企业出于各种不同的原因使用多云解决方案。要判断企业是否需要多云以及跨云容灾，具体取决于企业的数据需求、数据保护和管理策略。如果企业的数据管理策略强调多重备份，那么多云战略是正确的方向。有关机构调查显示，全世界范围内，使用两朵云及两朵云以上的企业比例达到 61%。

6.1 灾备基础概述

6.1.1 灾备系统的重要性

无论是什么系统，都会产生各种各样的数据，假如不对数据做保护，一旦遇到一些意外，就会导致业务无法正常开展，带来不小的损失。

911 事件中，800 多家来自全球的公司和机构的重要数据被破坏。其中，最为严重的就是纽约银行，纽约银行的数据中心在这次事件中遭遇毁灭性破坏，在通信线路中断后，由于缺乏备灾系统和有力的应急业务恢复计划，数月后直接破产清盘。

德意志银行早在 1993 年就制订了严谨、可行、可信的业务连续性计划（Business Continuity Planning，BCP），灾难发生后，其调动 4 000 多名员工及全球分行的资源，短时间内在距离纽约 30 km 的地方恢复了业务运行，得到了用户和行业的一致好评。

由此可见，灾备系统对企业的重要性。

1. 数据丢失对企业造成的影响

据互联网数据中心（Internet Data Canter，IDC）统计：美国在 2000 年以前的十年间发生灾难的公司中，55% 的公司即刻倒闭，剩下的 45% 的公司中，29% 的公司因为数据丢失也在两年之内倒闭，生存下来的公司数量仅占 16%。

数据丢失将给企业带来毁灭性打击，若未提前打好"预防针"，灾难一旦来临，企业可能因为数据丢失而濒临倒闭。

2. 灾难的类型

灾难的类型如图 6-1 所示，具体可分为以下 3 类。

(1)设备故障。

(2)人为因素(误操作，故意删除等)。

(3)自然灾害，例如火灾地震。

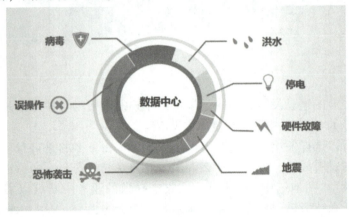

图 6-1 灾难的类型

现在是 IT 的世界，我们需要不中断的 Internet 接入，也需要不中断的 IT 服务。但是，我们的数据中心面临着各种威胁。由于各种灾难的出现是无法预知的，所以必须提前给数据买一份"保险"，只有在灾难发生之前对数据或业务做了保护，当灾难来临后才可以实现数据或业务的快速恢复。

3. 灾备系统的必要性

(1)数据集中化，风险加剧。

以运营商、政府、金融、电力等行业为主，各行业逐步建立大型数据中心来完成数据集中处理，数据的集中也意味着风险的加剧，提高企业的抗风险能力已成为急需考虑和解决的问题。

(2)业务中断对企业影响重大。

企业业务如果缺乏业务连续性，那么关键业务中断将对企业造成直接收入损失、生产力损失、名誉损失和财务业绩损失。

6.1.2 备份和容灾的概念

灾备是指利用科学的技术手段和方法，提前建立系统化的数据应急方式，以应对突发事件的发生。其内容包括备份系统和容灾系统。

在 IT 行业中，备份主要指：为了防止数据丢失、损坏等意外，将存储的数据复制到其他存储设备上。备份的本质就是存储数据的"复制"，目的是意外发生后的数据恢复。

在 IT 行业中，容灾是指在相隔较远的异地，建设两个或多个云计算系统，系统之间可以进行健康状态检查和功能切换，当一处系统因意外(如火灾、地震等)停止工作时，整个应用系统可以切换到另一处，使该系统功能可以继续正常工作。

1. 备份和容灾的区别——目的

容灾和备份的区别如表 6-1 所示，具体区别如下。

容灾主要针对火灾、地震等重大自然灾害，因此生产站点和容灾站点之间必须保证一定的安全距离；备份主要针对人为误操作、病毒感染、逻辑错误等因素，用于业务系统的数据恢复，数据备份一般是在同一数据中心进行。

容灾系统不仅能保护数据，更重要的是能保证业务的连续性；而数据备份系统只保护不同时间点版本数据的可恢复。一般首次备份为全量备份，所需的备份时间比较长，而后续增量备份则在较短时间内就可完成。

容灾的最高等级可实现RPO=0；备份可设置一天最多24个不同时间点的自动备份策略，后续可将数据恢复至不同的备份点。

故障情况下（例如地震、火灾），容灾系统的切换时间可降低至几分钟；而备份系统的恢复时间可能长达几个小时到几十个小时。

2. 备份和容灾的区别——场景

备份是保护数据的可靠性，侧重对数据的保护。容灾是保护业务的连续性，侧重对业务的保护。

备份一般是周期性任务，用来日常保护数据。容灾是为了让业务快速恢复，应对特殊的意外情况。

一般意义上，容灾指的是不在同一机房的数据或应用系统备份，备份指的是本地的数据或系统备份。通常所说的灾备，是将容灾与备份结合，即本地备份结合远程数据复制实现完善的数据保护。

3. 备份和容灾的区别——成本

备份相当于把要保护的数据复制了一份并存储到了其他介质里，成本较低。但当读取数据的业务系统出现故障时，单有数据也无法恢复。

容灾不仅需要对数据进行保护，还需要对业务系统进行保护，成本较高。

表6-1　备份和容灾的区别

对比维度	备份	容灾
目的	避免数据丢失，一般通过快照等技术构建数据的副本，出现故障时，可以通过数据的历史副本恢复用户数据	避免业务中断，一般是通过复制技术（应用层复制、主机I/O层复制、存储层复制）在异地构建业务的备用主机和数据，主站点出现故障时备用占地可以接管业务
场景	针对病毒入侵，人为误删除、软硬件故障等场景，可将数据恢复到任意备份点	针对软硬件故障以及海啸、火灾、地震等重大自然灾害，运行故障切换，尽快恢复业务。源端可用区恢复正常时，可轻松利用故障恢复能力重新切换回源端可用区
成本	通常是生产系统的1%~2%	通常是生产系统的20%~100%（根据不同的RPO/RTP要求而定），高级别的双活容灾，要求备用站点也要部署一个和主站点相同的业务系统，基础设施成本需要翻倍计算

6.1.3 灾备系统的关键指标

复原点目标(RPO)指能容忍的最大数据丢失量，也指当业务恢复后，恢复得来的数据所对应的时间点。

复原时间目标(RTO)指可容许服务中断的时间长度。例如，服务中断发生后半天内便需要恢复，那么 RTO 值就是 12 小时。

RPO 和 RTO 是灾备系统的关键指标，如图 6-2 所示。RPO 值越小，表明丢失的数据越少；RTO 值越小，表明业务中断时间越短。理论上，RPO 是可以为 0 的。当容灾或备份使用同步复制的方式同步数据时，RPO 可以为 0，RTO 无限接近 0，就算使用同步复制的方式，业务在拉活时还是需要一些时间。

RPO 针对的是数据丢失，而 RTO 针对的是服务丢失，RTO 和 RPO 的确定必须在进行风险分析和业务影响分析后根据不同的业务需求确定。

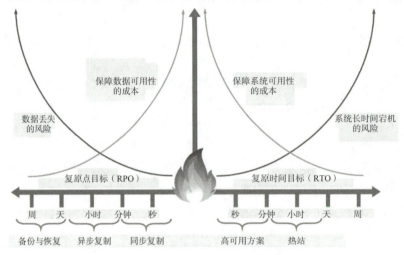

图 6-2　灾备系统的关键指标

6.1.4 灾备系统的要求

根据 SHARE 78 国际组织提出的标准，可以将系统容灾的级别划分为 7 级，如图 6-3 和表 6-2 所示。

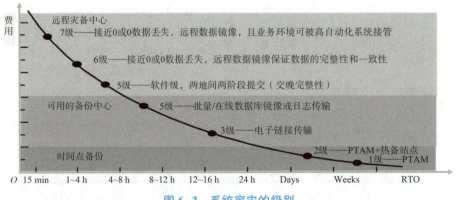

图 6-3　系统容灾的级别

表 6-2　不同容灾级别的灾备方式

容灾级别	灾备方式	容灾级别	灾备方式
1 级	本地备份	5 级	活动状态的备份中心
2 级	实现异地备份	6 级	实时数据备份
3 级	异地备份+热备中心	7 级	零数据丢失，自动接管任务
4 级	在线数据恢复	—	—

根据 GB/T 20988—2007《信息安全技术　信息系统灾难恢复规范》，将系统容灾的级别划分为 6 级，如图 6-4 所示。

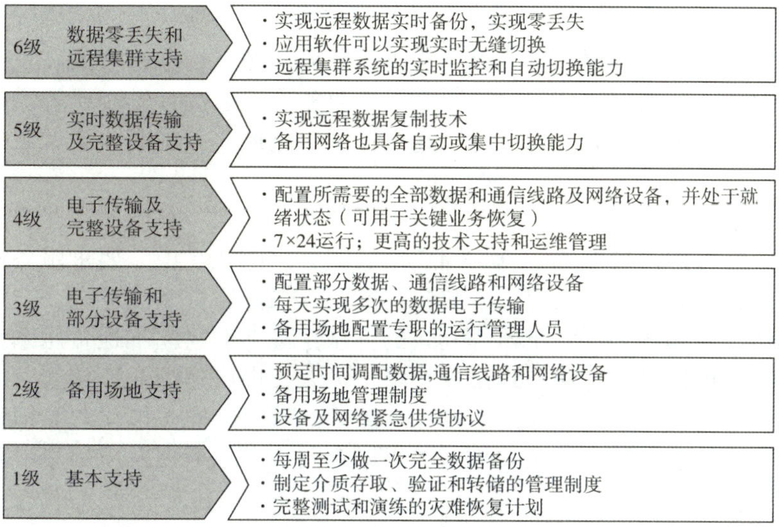

6级	数据零丢失和远程集群支持	·实现远程数据实时备份，实现零丢失 ·应用软件可以实现实时无缝切换 ·远程集群系统的实时监控和自动切换能力
5级	实时数据传输及完整设备支持	·实现远程数据复制技术 ·备用网络也具备自动或集中切换能力
4级	电子传输及完整设备支持	·配置所需要的全部数据和通信线路及网络设备，并处于就绪状态（可用于关键业务恢复） ·7×24运行；更高的技术支持和运维管理
3级	电子传输和部分设备支持	·配置部分数据、通信线路和网络设备 ·每天实现多次的数据电子传输 ·备用场地配置专职的运行管理人员
2级	备用场地支持	·预定时间调配数据,通信线路和网络设备 ·备用场地管理制度 ·设备及网络紧急供货协议
1级	基本支持	·每周至少做一次完全数据备份 ·制定介质存取、验证和转储的管理制度 ·完整测试和演练的灾难恢复计划

图 6-4　国内系统容灾级别

6.2　容灾的应用场景

容灾主要有 4 种应用场景：本地高可用容灾、主备容灾、双活数据中心、两地三中心容灾，如图 6-5 所示。

本地高可用容灾　　　主备容灾　　　双活数据中心　　　两地三中心容灾

图 6-5　容灾应用场景

6.2.1　本地高可用容灾

随着 IT 信息化技术的飞速发展，信息系统在各种行业的关键业务中扮演着越来越重要的角色。系统业务中断会造成巨大经济损失，影响品牌形象并可能导致重要数据丢失，其对企业带来的影响也越来越巨大。因此，保证业务连续性已成为当今 IT 基础设施的关键所在，成为通信、金融、医疗、电子商务、物流、政府等越来越多行业中关键系统建立的必要条件。业务连续性的挑战如图 6-6 所示。

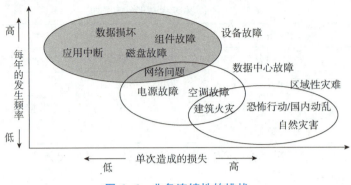

图 6-6　业务连续性的挑战

根据每年故障发生的频率可知，设备故障是影响业务连续性运行的高发区域，包括组件故障、磁盘故障、数据损坏等问题。那么保障业务连续运行首先需要解决的就是本地数据中心设备器件和数据的可靠性，避免因为设备原因导致业务中断，或者数据损坏、丢失等问题。

高可用性方案指在本地基础设施系统中，服务器、网络、存储并存，一旦服务器、网络或存储发生故障，用户有能够继续访问应用的能力。也就是说，要求服务器、网络和存储都有冗余架构，系统运行具有很强的容错能力，以保持高可靠性运行。

本地高可用方案是在部件各个器件冗余的可靠性基础上建立本地备用系统，一旦主用的服务器、网络、存储等任意单节点出现故障，可以实现快速的业务接管。本方案通过虚拟智能存储(Virtual Intelligent Storage，VIS)镜像、阵列的异构虚拟化和卷镜像技术、阵列双活技术，实现存储层高可用冗余架构，可以结合网络、服务器及应用集群实现到端到本地高可用方案。

1. 本地高可用方案

本地高可用方案采用华为 OceanStor 系列磁盘阵列 HyperMetro 实现存储层面的双活，两个磁盘阵列组成双活集群，利用卷镜像技术，实现本地高可靠，如图 6-7 所示。

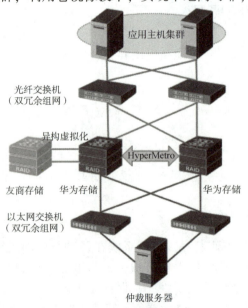

图 6-7　本地高可用方案

两台存储设备上的逻辑单元号（Logical Unit Number，LUN）被虚拟化为一个虚拟的卷，主机写操作通过卷虚拟化镜像技术同时写入这两个存储设备，保持数据实时一致。其中任何一个存储设备出现故障，虚拟卷仍能提供正常的 I/O 读写能力，主机业务不受影响。待存储设备恢复正常后，存储虚拟化设备将增量数据后台同步到修复的存储设备上，整个过程对主机"透明"，不会影响主机业务。

2．方案应用场景

对于在本地实现同数据中心内机房级、机柜级的容灾，推荐本地高可用方案。本地高可用方案应用场景如表 6-3 所示。

表 6-3　本地高可用方案应用场景

方案维度	本地高可用（HyperMetro）
方案形态	阵列
方案架构	AA 集群架构
数据缓存	读写缓存
接管异构存储	支持
应用场景	支持异构并消除阵列单点故障

3．高可靠性设计——HyperMetro 关键技术原理

HyperMetro 在继承 OceanStor 存储系统高可靠设计的基础上，全新设计了一些解决方案级高可靠技术，最大化提高了存储双活方案的可靠性。

（1）跨阵列集群。

两个独立的存储阵列组建成本地高可用集群，提供双活存储架构，向应用服务器提供无差异的并行访问，处理应用服务器的 I/O 请求。阵列集群配置过程极为简单，只需要将两个存储阵列配置成双活域，即可完成集群配置。

集群系统使用阵列间网状通道（Fibre Channel，FC）或 IP 链路作为通信链路，完成全局节点视图建立和状态监控。在全局节点视图基础上，集群系统提供分布式互斥等能力，支持 AA 双活架构。集群节点具有并发访问能力。当阵列的单个控制器出现故障时，其承接的业务将被切换到本阵列的其他工作控制器；当阵列的工作控制器全故障时，切换至另一个阵列。

（2）数据实时镜像。

HyperMetro 通过数据实时镜像功能，保证两个存储阵列之间数据的实时同步。主机写操作通过实时镜像技术同时写入两个阵列的双活成员 LUN，保持数据实时一致。具体的数据实时镜像流程如图 6-8 所示。

假如阵列 A 收到写 I/O，镜像处理流程如下。

①申请写权限和记录写日志。阵列 A 收到主机写请求，先申请双活 Pair 的写权限。获得写权限后，双活 Pair 将该请求写日志。日志中只记录地址信息，不记录具体的写数据内容。该日志采用具有掉电保护能力的内存空间记录地址信息以获得良好的性能。

②执行双写。将该请求复制两份分别写入本地 LUN 和远端 LUN 的 Cache。

③双写结果处理。等待两端 LUN 的写处理结果都返回。

④响应主机。双活 Pair 返回写 I/O 操作完成。

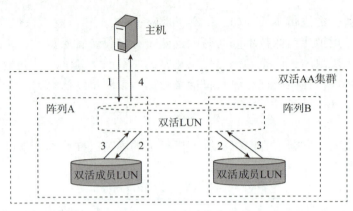

图 6-8　数据实时镜像流程

HyperMetro 支持断点续传功能，当某些故障场景（如单个存储故障）导致双活 Pair 关系异常断开时，HyperMetro 通过记录日志的方式，记录主机新产生的写 I/O。当故障恢复时，HyperMetro 将自动恢复双活 Pair 关系，并且将所记录的增量数据自动同步到远端，无须全量同步所有数据，整个过程对主机"透明"，不会影响主机业务。

（3）跨阵列坏块修复。

硬盘在使用过程中，可能因为掉电等异常情况出现坏块，如果是可修复错误但本端已经无法修复时，HyperMetro 将自动从远端阵列获取数据，修复本地数据盘的坏块，如图 6-9 所示，从而进一步提高系统的可靠性。

当阵列 A 出现坏块时，从该阵列读 I/O 处理流程如下。

①主机下发读 I/O。

②读本地 LUN。

③读取到坏块后，如果为可修复错误，则执行步骤④，否则执行步骤①②后流程结束。

④重定向远端读。

⑤远端读返回。

⑥将读数据返回主机，确保主机响应的快速返回。

⑦根据远端的读数据，进行本地写修复。

⑧写修复结果返回。

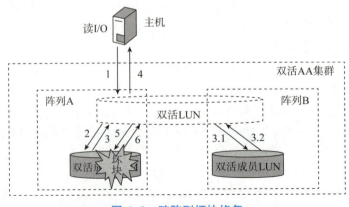

图 6-9　跨阵列坏块修复

（4）仲裁机制。

当提供双活 LUN 的两个阵列之间的链路出现故障时，阵列已经无法实时镜像同步，此时只能由其中一个阵列继续提供服务。为了保证数据的一致性，HyperMetro 将通过仲裁机制决定由哪个存储阵列继续提供服务。

HyperMetro 支持按双活 Pair 或双活一致性组为单位进行仲裁。当多个双活 Pair 提供的业务相互依赖时，用户需要把这些双活 Pair 配置为一个双活一致性组。仲裁完成后，一个双活一致性组只会在其中一个存储阵列中继续提供服务。例如，Oracle 数据库的数据文件、日志文件可能分别存放在不同的 LUN 上，访问 Oracle 数据库的应用系统存放在另一些 LUN 上，它们之间存在依赖关系。配置双活时，建议将数据 LUN、日志 LUN 和应用 LUN 分别配置双活 Pair，并且加入同一个一致性组。

HyperMetro 提供以下两种仲裁模式：
①静态优先级模式；
②仲裁服务器模式。

配置双活 Pair 前，需要配置双活域。双活域为逻辑概念，包括需要创建双活关系的两个存储阵列和仲裁服务器。每个双活 Pair 创建时均要选择双活域，每个双活域只能同时应用一种仲裁模式。

仲裁服务器模式比静态优级模式具备更高的可靠性，可保证在各种单点故障场景下，业务连续运行。因此，华为双活方案推荐采用仲裁服务器模式。

使用独立的物理服务器或虚拟机作为仲裁设备，仲裁服务器建议部署在第三方站点。这样可以避免单数据中心整体发生灾难时，仲裁设备也同时故障。

仲裁服务器模式下，当存储系统间心跳中断时，两端存储系统向仲裁服务器发起仲裁请求，由仲裁服务器综合判断哪端获胜。仲裁获胜的一方继续提供服务，另一方停止服务。仲裁服务器模式下优先仲裁端会优先获得仲裁。仲裁机制如图 6-10 所示，流程如下。

①两个存储阵列之间的链路断开时，集群分裂为两个子集群。

②子集群分别抢占仲裁，优先阵列将优先抢占仲裁，抢占成功的子集群"获胜"，将继续对外提供服务，为应用提供存储访问空间，抢占失败的子集群则停止对外服务。

③中间链路恢复时，两个子集群检测到中间链路恢复正常，经过握手通信将两个子集群自动组成一个集群，双活关系恢复，以 Active-Active（AA）模式提供服务。

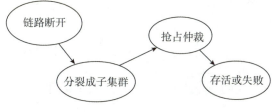

图 6-10 仲裁机制

（5）分布式锁技术。

分布式互斥能力是实现 AA 双活的关键能力之一，双活分布式锁模块利用 Paxos 和 CHT（Consistent Hash Table）算法，提供了分布式对象锁和分布式范围锁，从而满足 AA 双活的分布式互斥诉求。通过锁预取技术，可有效减少跨阵列的数据传输量和通信交互次数，从而提升 I/O 读写性能。

在 AA 双活架构中，由于主机无法通过从端直接访问双活 LUN，从端主机写数据时，必须将完整的写数据发送到主控端，再通过镜像链路把 I/O 从主控端同步到备控设备上，这样数据存在多次跨阵列传输，严重影响写性能。

HyperMetro 以主机 I/O 粒度，对主机 I/O 访问的逻辑区块地址（Logical Block Address，LBA）区间加分布式范围锁进行并发互斥，从而达到双向实时同步的目的，如图 6-11 所示。该方案可省去不必要的阵列间数据传输带宽，并有效减少数据传输次数。

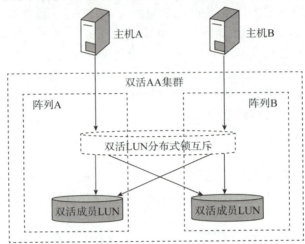

图 6-11　应用分布式锁的双活数据访问

HyperMetro 分布式锁技术使用了智能的锁预取和缓存策略，在写权限本地无缓存的情况下，会通过较小的控制报文，向锁权限缓存节点申请写权限，并多预取部分区间的写权限缓存到本地，如图 6-12 所示，后续的连续写 I/O 可快速在本地命中写权限，不需要再跨阵列申请写权限。

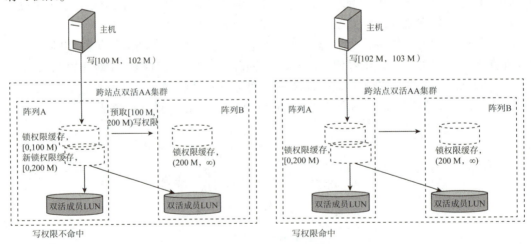

图 6-12　分布式锁预取

6.2.2　主备容灾

如今，企业和政府部门越来越依赖信息化进行办公、服务、发展与决策，数据丢失和业务中断会造成巨大经济与信誉损失。

数据和业务的灾难备份已成为信息系统建设的必然要求和发展趋势。《国家信息化领导小组关于加强信息安全保障工作的意见》《关于做好国家重要信息系统灾难备份的通知》《重要信息系统灾难恢复指南》《信息系统灾难恢复规范》等文件的相继出台，标志着容灾系统的建立正走向规范化。

主备容灾，指客户在生产中心之外的另一地点选址建设容灾中心，形成一对一的数据级或应用级保护。相对于两地三中心、集中容灾等复杂拓扑结构，主备容灾是目前市场上应用最广泛的容灾方式。主备容灾有多种方案架构，包括主备存储同构场景、主备存储异构场景、数据库容灾场景等，以下是主备容灾解决方案中涉及的关键技术。

1. 异构虚拟化技术

由于不同存储使用的容灾复制技术不同，所以不能直接进行容灾复制，这意味着用户一旦更换存储型号，如何选择利旧方案保护既有投资便成为一个首要面临的问题。

OceanStor V3 存储系统提供的 SmartVirtualization 特性可以有效解决客户遇到的问题。用户可以集中管理 OceanStor V3 存储系统（以下简称本端存储系统）及第三方存储系统（以下简称异构存储系统）中的存储资源，同时用户仍然可以使用旧存储系统的存储资源，降低对原有投资的浪费。

异构虚拟化的工作原理就是把异构阵列映射到本端阵列的 LUN，作为可为本端阵列提供存储空间的逻辑盘（Logic Disk，LD），再在该 LD 上创建为可对主机映射的异构设备 LUN eDevLun，LD 为 eDevLun 的数据卷（Data Volume）提供了全部的数据存储空间，eDevLun 的元数据卷（Meta Volume）的存储空间由本地存储提供，如图 6-13 所示。异构虚拟化可保证外部 LUN 数据完整性不被破坏。eDevLun 与原异构 LUN 具有不同的全球唯一名称（World Wide Name，WWN）。

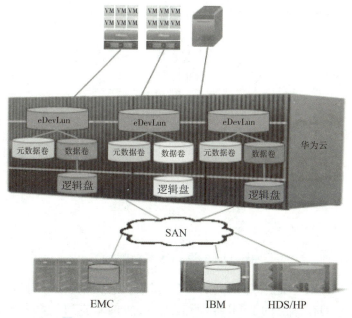

图 6-13　SmartVirtualization 工作原理示意

由于 eDevLun 与本地 LUN 基本上具有相同的 LUN 属性，所以通过 SmartMigration 技术为异构 LUN 提供在线 LUN 迁移功能，通过 HyperReplication/S 技术为异构 LUN 提供同步远程复制功能，通过 HyperReplication/A 技术为异构 LUN 提供异步远程复制功能，通过 HyperSnap 技术为异构 LUN 提供异构快照功能，同时通过 SmartQoS 和 SmartPartion 技术，以及 Cache 可回写策略提升异构 LUN 性能。

2. 卷镜像技术

随着企业的高速发展，业务数据量不断攀升，数据里记录着企业的运营情况，同时给决策者提供重要信息，成为企业最宝贵的财富之一，如何保证数据的可靠性成了重要的挑战。随着异构虚拟化的广泛使用，对于如何提升对异构接管 LUN 的可靠性保证，提出了不同于传统磁盘阵列(Redundant Arrays of Independent Disks，RAID)方式的新需求，卷镜像就是解决这些需求的一种可行办法。

通过使用卷镜像，一个 LUN 可以拥有多个物理副本。每个副本的空间可以来源于本地存储池，也可以来源于外部 LUN。每个副本都具有与 LUN 相同的虚拟容量。当服务器对镜像 LUN 执行写操作时，系统会将数据同时写入每个副本。当服务器对镜像 LUN 执行读操作时，系统会选取其中一个副本进行读取。如果其中一个镜像副本暂时不可用(如由于提供存储池的存储系统不可用)，那么服务器仍然可以访问 LUN。系统会记住执行写操作的 LUN 区域，并会在镜像副本恢复后，对这些区域进行再同步。

OceanStor 存储系统的卷镜像软件名称为 HyperMirror。

卷镜像的主要用途是为本地 LUN 或外部 LUN 提供多个可用的镜像副本。如果其中一个镜像副本故障不可用，主机仍然可以正常访问 LUN，主机侧业务无任何影响。同时，待故障镜像副本从故障中恢复后，镜像副本会自动同步镜像 LUN 的数据，最终达到镜像副本与镜像 LUN 的数据完全一致。

卷镜像的实现过程分为 3 个阶段：创建镜像 LUN、同步和分裂。

(1)创建镜像 LUN。

镜像 LUN 的创建过程如图 6-14 所示。

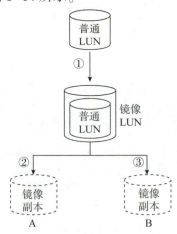

图 6-14　镜像 LUN 的创建过程

①对一个普通 LUN(本地 LUN 或外部 LUN)执行创建镜像 LUN 操作，此时镜像 LUN 完全继承普通 LUN 的存储空间，同时继承普通 LUN 的基本属性和业务，主机侧不中断业务。

②在创建镜像 LUN 过程中，会在本地自动生成一个镜像副本 A，普通 LUN 变为镜像 LUN，并将数据存储空间交换到镜像副本 A，镜像 LUN 从镜像副本 A 中同步数据。

③此后需再给镜像 LUN 添加一个镜像副本 B，创建之初从镜像副本 A 同步数据。此时普通 LUN 具有空间镜像功能，同时拥有镜像副本 A 和镜像副本 B 两份镜像数据。

镜像 LUN 创建完成后，主机下发 I/O 的情况如下。

①当主机对镜像 LUN 下发读请求时，存储系统会以轮询方式在镜像 LUN 和镜像副本之间进行读操作。当镜像 LUN 或某个镜像副本出现故障时，主机侧业务不受影响。

②当主机对镜像 LUN 下发写请求时，存储系统会以双写方式对镜像 LUN 和镜像副本进行写操作。

（2）同步。

当一个副本从故障恢复或从数据不完整恢复到数据完整的过程中，增量从完整的镜像副本同步数据，最终达到镜像副本间的数据完全一致。

（3）分裂。

在业务需要隔离一个副本时，可执行分裂操作，将副本从镜像中隔离，此时镜像不具备数据镜像功能，同时镜像副本记录此后的数据差异，当需要重新建立镜像关系时，根据差异增量同步差异数据

3. 存储远程复制技术

华为公司 HyperReplication 是基于华为 OceanStor 存储系统的远程复制特性，可以在 OceanStor 存储系统之间实现同步或异步的数据复制，支撑用户构建同城或异地的容灾解决方案。

HyperReplication 至少需要在两个 OceanStor 存储系统上运行，这两个存储系统可以放在同一个机房、同一个城市或相距上千千米的两地。一般提供生产业务数据访问的一端称为主端，提供数据备份的另一端称为从端。

（1）HyperReplication LUN 同步远程复制。

HyperReplication LUN 同步远程复制提供对 LUN 的近距离的数据容灾功能。它适用于需要在同城范围内进行容灾，同时不容许有数据丢失的场景。

HyperReplication LUN 同步远程复制对于每个主机的写 I/O，都会同时写到主 LUN 和从 LUN，直到主 LUN 和从 LUN 都返回处理结果后，才会返回主机处理结果。因此，HyperReplication LUN 同步远程复制可以实现 RPO 为 0。

HyperReplication LUN 同步远程复制的工作原理如图 6-15 所示，具体内容如下。

①生产中心的主 LUN 和灾备中心的从 LUN 建立同步远程复制关系，启动初始同步，将主 LUN 中的数据全量复制到从 LUN 中。

②初始同步中，主 LUN 收到主机写请求也会同样写到从 LUN 上。

③初始同步完成以后，进入正常状态，此时主、从 LUN 数据相同。正常状态下的 I/O 处理流程如下。

a. 生产中心收到主机写请求。HyperReplication 将该请求记录日志，日志中只记录地址信息，不记录数据内容。

b. 将该请求写入主 LUN 和从 LUN。通常情况下 LUN 是回写状态，数据会写入 Cache。

c. HyperReplication 等待主 LUN 和从 LUN 的写处理结果都返回。如果都写成功，则清除日志；否则保留日志，进入异常断开状态，后续启动同步时重新复制该日志地址对应的数据块。

d. 返回主机写请求处理结果，以写主 LUN 的处理结果为准。

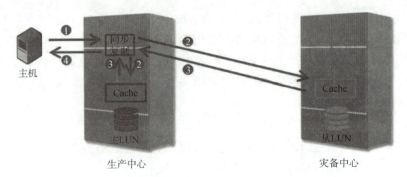

图 6-15　HyperReplication LUN 同步远程复制的工作原理

（2）HyperReplication LUN 异步远程复制。

HyperReplication LUN 异步远程复制提供对 LUN 的远距离数据容灾功能。它适用于需要在跨异地的数据中心间进行容灾，同时降低对生产业务的性能影响的场景。

HyperReplication LUN 异步远程复制基于多时间片缓存技术，周期性地同步主、从 LUN 的数据，上一次同步以来主 LUN 上发生的所有变化会在下一次同步时写到从 LUN 上。HyperReplication LUN 异步远程复制工作原理如图 6-16 所示。

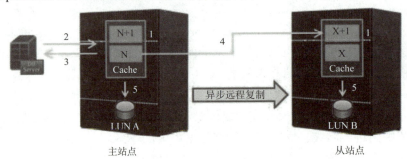

图 6-16　HyperReplication LUN 异步远程复制工作原理

OceanStor 存储系统异步远程复制采用了创新的多时间片缓存技术，其实现原理如下。

①与同步远程复制类似，当主站点的主 LUN 和远端复制站点的从 LUN 建立异步远程复制关系以后，默认情况下会启动一个初始同步，将主 LUN 中的数据全量复制到从 LUN 中。

②初始同步完成后，从 LUN 的数据状态变为完整（即从 LUN 为主 LUN 的过去某个时刻的一致性复制），然后开始按照下面的流程进行 I/O 处理。

每当间隔一个同步周期（由用户设定，范围为 3s~1 440 min），系统会自动启动一个将主站点数据增量同步到从站点的同步过程（如果同步类型为手动，则需要用户来触发同步）。每个复制周期启动时在主 LUN（LUN A）和从 LUN（LUN B）的缓存中产生新的时间片（TPN+1 和 TPX+1）；主站点接收生产主机写请求；主站点将写请求的数据写入 Cache 时间片 TPN+1，立即响应主机写完成；同步数据时，读取前一个周期主 LUN（LUN A）Cache 时间片 TPN 的数据，传输到从站点，写入从 LUN（LUN B）Cache 时间片 TPX+1 中；若主站点 Cache 写缓存达到高水位，则会自动将数据从 Cache 写入硬盘，此时时间片 TPN 中的数据会在盘上生成快照，同步时已写入硬盘的数据从快照中读取并复制到从 LUN（LUN B）同步数据完成后，按照刷盘策略将主 LUN（LUN A）和从 LUN（LUN B）Cache 时间片 TPN 和 TPX+1 的数据下盘（生成的快照自动删除），等待下一个同步的到来。

6.2.3 双活数据中心

双活数据中心解决方案是指两个数据中心同时处于运行状态，两个数据中心互为容灾且数据实时保持一致，同时对外承担业务，从而提高数据中心的整体服务能力和系统资源利用率，其物理组网图如图 6-17 所示。当单设备出现故障或单数据中心出现故障时，业务自动切换，保证数据零丢失、业务零中断，实现 RPO、RTO 等于 0。

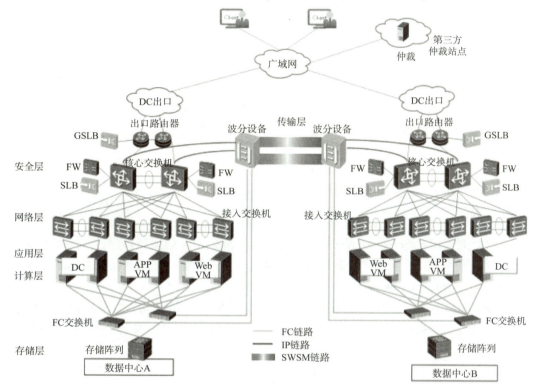

图 6-17　物理组网图

1. 方案模块部署

双活方案模块部署如表 6-4 所示。

表 6-4　双活方案模块部署

模块	部署方式
存储层	跨 DC 的两个华为 OceanStor V3 系列存储阵列组成一个存储集群
	支持其中一台异构接管第三方存储，使用接管后的 LUN 与另一台 OceanStor V3 上的 LUN 构建双活 LUN
网络层	采用华为 CloudEngine 系列数据中心交换机作为核心交换机
	数据中心内部采用典型二层或三层物理架构组网，启用 EVN 形成二层通道，由核心交换机通过集群交换机系统（Cluster Switch System，CSS+）链路聚合接入波分设备
	每个站点部署一台独立的 GSLB 实现站点间负载均衡
	每个站点部署两台 SLB，组成 HA 集群，使用应用层服务器的负载均衡

续表

模块	部署方式
应用层	Web、APP 层可以部署在虚拟机或物理机上，DC 内的多台服务器组成集群，或者跨 DC 的多台服务器组成集群
	数据库建议物理机部署，跨数据中心组成一个集群
计算层	使用 FusionSphere、VMware 等虚拟化平台，跨数据中心组成虚拟主机集群
传输层	采用华为 OptiX OSN 系列 DWDM，每个站点部署两套波分设备
	若不能实现设备级冗余，则需要至少每套波分设备配置两块传输板卡，实现板卡冗余
	将多路 FC 信号和 IP 信号复用到光纤链路上传输，每套波分设备通过两对裸光纤互联
安全层	采用华为 USG 系列防火墙，每个站点部署两台防火墙，接入核心交换机
	在华为 OptiX OSN 系列 DWDM 启用传输加密功能
仲裁	选择一个第三方站点部署仲裁设备和软件
	软件支持安装在物理机或虚拟机上
	仲裁服务器使用 IP 网络连接到双活数据中心的两个存储阵列

说明。

①GSLB 是 Global Server Load Balance 的缩写，意思是全局负载均衡；作用是实现在广域网(包括互联网)上不同地域的服务器间的流量调配，保证使用最佳的服务器服务离自己最近的用户，从而确保访问质量。

②SLB 是 Server Load Balancing 的缩写，意思是服务器负载均衡。SLB 可以看作热备份路由器协议(Hot Standby Router Protocol，HSRP)的扩展，实现多个服务器之间的负载均衡。

2. 双活数据中心解决方案的价值和特点

(1)双活数据中心解决方案的价值。

华为充分利用其宽产品线的优势，通过多产品的紧耦合，为用户提供端到端双活数据中心解决方案，也是业界唯一可提供端到端双活数据中心解决方案的厂家。

(2)双活数据中心解决方案的特点。

6 层 Active-Active 可靠性设计、业务负载均衡、应用零中断、数据零丢失，实现了业界最高等级的业务连续性保障；AA 双活架构，数据零丢失，业务零中断(RPO=0，RTO=0)；两个数据中心同时提供业务，充分利用灾备资源；支持异构存储，保护已有设备投资；方案扩展灵活，容灾可视化管理。

3. 双活数据中心解决方案的关键技术

(1)存储层：通过 HyperMetro 实现存储层的双活。

(2)计算层：通过 FusionSphere、VMware 等虚拟化技术，提供虚拟机 HA 特性，故障时自动恢复。

(3)应用层：通过应用集群和数据库集群技术实现双活。

(4)网络层：通过密集波分复用(Dense Wavelength Division Multiplexing，DWDM)、EVN(Ethernet Virtual Network)等二层互联技术，实现低时延、高可靠的二层网络互联；通

过网络设备的双活网关、路由健康注入（Route Health Injection，RHI）等路径优化技术，以及全局负载均衡器、服务器负载均衡器实现双活就近接入或高可用网络切换。

（5）传输层：通过设备冗余及板卡冗余构建可靠的双活传输网络。

（6）安全层：通过防火墙和安全策略规划和设计保证访问安全，通过传输层加密特性，保证跨数据中心数据传输安全。

华为双活数据中心解决方案在以上6个层次上进行联动及联合，为用户提供端到端双活方案。

4. AA双活方案

HyperMetro特性基于两个存储阵列实现AA双活，两端阵列的双活LUN数据实时同步，且两端能够同时处理应用服务器的I/O读写请求，面向应用服务器提供无差异的AA并行访问能力。当任何一个磁盘阵列出现故障时，业务自动无缝切换到对端存储访问，业务访问不中断。相较于AP双活方案，AA双活方案可充分利用计算资源，有效减少阵列间通信，缩短I/O路径，从而获得更高的访问性能和更快的故障切换速度。图6-18所示为两种双活方案的交互流程。

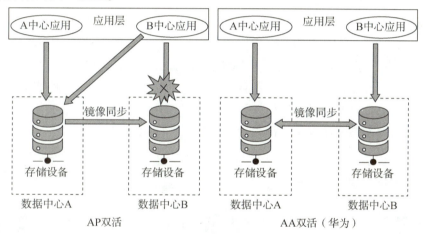

图6-18　两种双活方案的交互流程

6.2.4　两地三中心容灾

两地三中心容灾解决方案中的"两地"指的是同城和异地，"三中心"一般是指一个生产中心、一个同城灾难备份中心（以下简称同城灾备中心）、一个异地灾难备份中心（以下简称异地灾备中心）。生产中心的数据同步复制到同城灾备中心，同时，生产中心的数据异步复制到异地灾备中心。同城灾备中心通常具备与生产中心等同业务处理能力，应用可在不丢失数据的情况下切换到同城灾备中心运行，保持业务连续运行。当出现小概率的、大范围的灾难（如自然灾害地震）时，造成同城灾备中心与生产中心同时不可用，应用可以切换到异地灾备中心。通过实施经过日常灾难演练的步骤，应用可在业务容许的时间内，在异地灾备中心恢复，保证业务连续运行。但异地恢复通常会丢失少量的数据。相比仅建立同城灾备中心或异地灾备中心，"两地三中心"的方式结合两者的优点，能够适应更大范围的灾难场景，对于小范围的区域性灾难和较大范围的自然灾害，都能够通过灾难备份系统较快地响应，尽可能保全业务数据不丢失，实现更优的RPO和RTO。因此，两地三中心容灾解决方案得到了广泛应用。

1. 级联组网的两地三中心容灾架构

(1)"同步+异步"级联方案。

在生产中心部署磁盘阵列 A，在同城灾备中心部署磁盘阵列 B，两个数据中心之间通过 FC 链路实现互联，生产中心的磁盘阵列 A 与同城灾备中心的磁盘阵列 B 建立同步远程复制，将磁盘阵列 A 的数据实时同步到磁盘阵列 B，在异地灾备中心部署磁盘阵列 C，与同城灾备中心的磁盘阵列 B 建立异步远程复制，将磁盘阵列 B 的数据定时同步到磁盘阵列 C，如图 6-19 所示。在同城灾备中心和异地灾备中心部署容灾管理软件，实现对 3 个数据中心的统一容灾管理。容灾管理软件可以展示两地三中心容灾方案物理拓扑和业务逻辑拓扑，并且支持在同城灾备中心及异地灾备中心一键式容灾测试，以及一键式容灾恢复。

(2)"异步+异步"级联方案。

在生产中心部署磁盘阵列 A，在同城灾备中心部署磁盘阵列 B，两个数据中心之间根据数据变化量对带宽的需求，可以通过 FC 链路或 IP 链路实现互联，生产中心的磁盘阵列 A 与同城灾备中心的磁盘阵列 B 建立异步远程复制，将磁盘阵列 A 的数据定时同步到磁盘阵列 B。在异地灾备中心部署磁盘阵列 C，与同城灾备中心的磁盘阵列 B 建立异步远程复制，将磁盘阵列 B 的数据定时同步到磁盘阵列 C，如图 6-19 所示。在同城灾备中心和异地灾备中心部署容灾管理软件，实现对 3 个数据中心的统一容灾管理。容灾管理软件可以展示两地三中心容灾方案物理拓扑和业务逻辑拓扑，并且支持在同城灾备中心及异地灾备中心一键式容灾测试，以及一键式容灾恢复。

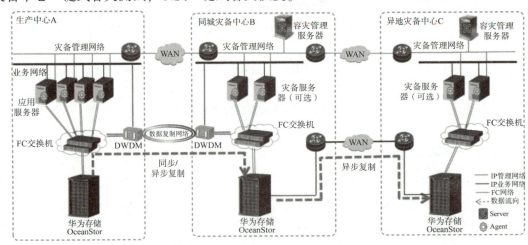

图 6-19　级联组网的两地三中心容灾架构

2. 并联组网的两地三中心容灾架构

(1)"同步+异步"并联方案。

在生产中心部署磁盘阵列 A，在同城灾备中心部署磁盘阵列 B，两个数据中心之间通过 FC 链路实现互联，生产中心的磁盘阵列 A 与同城灾备中心的磁盘阵列 B 建立同步远程复制，将磁盘阵列 A 的数据实时同步到磁盘阵列 B，在异地灾备中心部署磁盘阵列 C，通过生产中心与异地灾备中心的 IP 链路，实现生产中心的磁盘阵列 A 与异地灾备中心的磁盘阵列 C 建立异步远程复制，异步地将数据同步到磁盘阵列 C，如图 6-20 所示。在同城灾备中心和异地灾备中心部署容灾管理软件，实现对 3 个数据中心的统一容灾管理。容灾管理软件可以展示两地三中心容灾方案物理拓扑和业务逻辑拓扑，并且支持在同城灾备中心及异地灾备中心一键式容灾测试，以及一键式容灾恢复。

（2）"异步+异步"并联方案。

在生产中心部署磁盘阵列 A，在同城灾备中心部署磁盘阵列 B，两个数据中心之间根据数据变化量对带宽的需求，可以通过 FC 链路或 IP 链路实现互联，生产中心的磁盘阵列 A 与同城灾备中心的磁盘阵列 B 建立异步远程复制，将磁盘阵列 A 的数据定时同步到磁盘阵列 B。在异地灾备中心部署磁盘阵列 C，如图 6-20 所示，与生产中心的磁盘阵列 A 建立异步远程复制，将磁盘阵列 A 的数据定时同步到磁盘阵列 C。在同城灾备中心和异地灾备中心部署容灾管理软件，实现对 3 个数据中心的统一容灾管理。容灾管理软件可以可视化地展示两地三中心容灾方案物理拓扑和业务逻辑拓扑，并且支持在同城灾备中心及异地灾备中心一键式容灾测试，以及一键式容灾恢复。

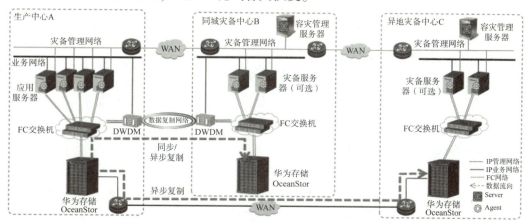

图 6-20　并联组网的两地三中心容灾架构

6.3　华为云容灾核心技术

6.3.1　云备份服务介绍

云备份（CBR）为云内的 ECS、BMS、云硬盘（EVS）、云下 VMware 虚拟化环境，提供简单易用的备份服务，针对病毒入侵、人为误删除、软硬件故障等场景，可将数据恢复到任意备份点。CBR 保障用户数据的安全性和正确性，确保业务安全。

1. CBR 产品介绍

备份即一个备份对象执行一次备份任务产生的备份数据，包括备份对象恢复所需要的全部数据。CBR 产生的备份可以分为云服务器备份、EVS 备份、混合云备份 3 种类型。

（1）云服务器备份。通过存储快照技术，将云服务器包含的多个 EVS 的数据，以及云服务器的配置规格信息（CPU、内存、网卡等配置）备份到对象存储。其支持周期性自动备份，支持恢复原云服务器和使用备份数据创建镜像来发放新云服务器。

（2）EVS 备份。通过存储快照技术，将 EVS 数据备份到对象存储。其支持周期性自动备份，支持恢复原 EVS 和使用备份数据创建新 EVS。

（3）混合云备份。提供对线下备份软件 OceanStor BCManager 的备份数据以及 VMware 服务器备份的云上管理和恢复的数据保护。

CBR 的产品介绍如图 6-21 所示。

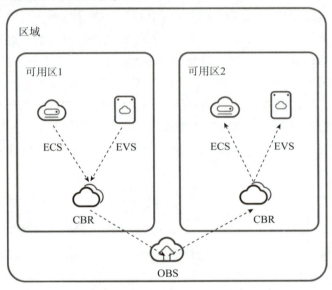

图 6-21　CBR 的产品介绍

2. CBR 场景介绍

（1）数据备份和恢复。

针对数据误删、黑客攻击、病毒入侵、应用程序更新出错、云服务宕机等场景，可通过 CBR 快速恢复数据，保障业务安全可靠，如图 6-22 所示。

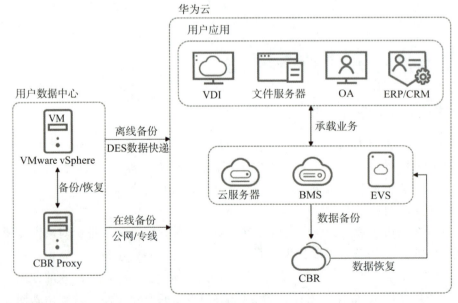

图 6-22　数据备份和恢复

（2）业务快速迁移和部署。

为 ECS 创建备份，使用 CBR 创建镜像，可快速创建与现有 ECS 相同配置的新的 ECS，实现业务的快速部署，如图 6-23 所示。支持 Region 内跨 AZ 创建，以及跨 Region 复制后创建。

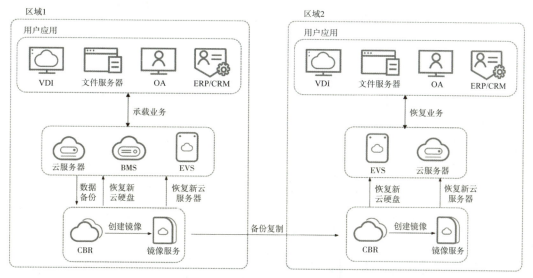

图 6-23　业务快速迁移和部署

3. CBR 的核心技术

（1）永久增量备份。

在备份数据时，首次备份为全量备份（简称全备），备份硬盘已用的数据块，后续备份为增量备份（简称增备），只备份与上次备份记录有差异的数据块。

每个备份点都是一个虚拟的全备，多次备份的数据之间有依赖关系的数据块以指针索引的方式引用，如图 6-24 所示。

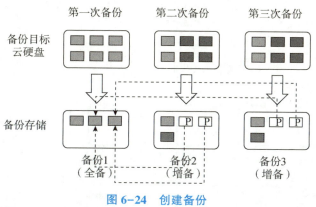

图 6-24　创建备份

删除某个备份数据（人工删除或自动过期）时，仅删除没有被其他备份数据所依赖的数据块，如图 6-25 所示。

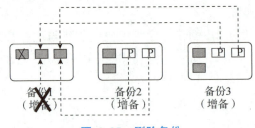

图 6-25　删除备份

（2）基于存储快照的无代理备份（崩溃一致性备份）。

通过存储快照实现备份，无须在 ECS 上安装代理，消除备份代理对业务系统的影响。基于多个 EVS 的一致性快照技术，实现 ECS 的崩溃一致性备份（崩溃一致性备份指的是对云服务器内的多个 EVS 的备份为同一时间点创建，备份前未冻结应用和文件系统，不备份内存数据），如图 6-26 所示。

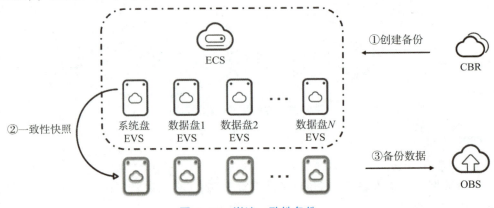

图 6-26　崩溃一致性备份

（3）数据库 ECS 备份（应用一致性备份）。

应用一致性备份如图 6-27 所示，CBR 方式如表 6-5 所示。

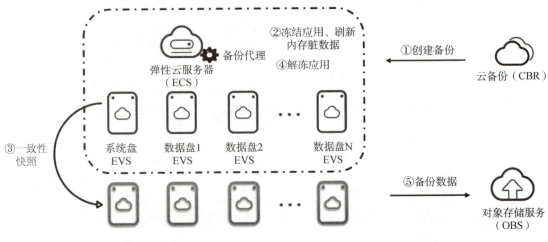

图 6-27　应用一致性备份

表6-5 CBR方式

描述	CBR 应用一致性备份	CBR 崩溃一致性备份	备份软件应用备份
定义	以 VM 为备份对象，保证备份期间运行的应用能够完成所有操作（如数据库事务）并将缓存中的数据落盘	以 VM 为备份对象，但备份时不保证应用能够完成所有操作并且缓存数据不落盘	通过专业备份软件对某个具体应用，如 Oracle、SAP HANA、Exchange 邮箱等软件进行备份
应用场景	用于 VM 部署了应用或数据库的场景	用于 VM 部署无应用或数据库的场景	用于需要对数据库做逻辑备份或物理备份的场景

6.3.2 存储容灾服务服务介绍

存储容灾服务（Storage Disaster Recovery Service，SDRS）是一种为 ECS、EVS 和专属分布式存储服务（Dedicated Distributed Storage Service，DSS）等服务提供容灾的服务。存储容灾服务通过存储复制、数据冗余和缓存加速等多项技术，为用户提供高级别的数据可靠性以及业务连续性，简称存储容灾。存储容灾服务有助于保护业务应用，如图 6-28 所示。将 ECS 的数据、配置信息复制到容灾站点，并允许业务应用所在的服务器停机期间从另外的位置启动并正常运行，从而提升业务连续性。

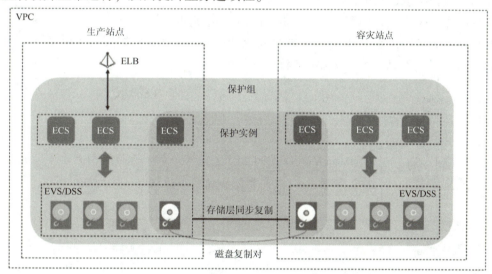

图6-28 存储容灾服务

1. 存储容灾服务的优势

存储容灾服务同备份不同，备份考量的是业务的可用性，而容灾考量的是业务的连续性，在要求上更为严苛。容灾主要针对火灾、地震等重大自然灾害。容灾最高等级可实现 RPO=0。具体从以下 3 个方面进行描述。

（1）高可靠。

①存储容灾服务能够做到 RPO=0 存储同步复制技术，保障数据零丢失。

②RTO≤30 min，业务连续性强。

③存储容灾服务能够在线容灾演练，不影响业务的正常运行。

（2）高性价比。

① 存储容灾服务在容灾时，容灾端虚拟机关机不收费。

②存储容灾服务的 TCO 相对于传统容灾方案，降低约 60%。

（3）灵活易用。

①存储容灾服务支持一键故障切换和演练。

②存储容灾服务配置灵活：支持业务为粒度按需配置虚拟机保护实例，如将统一业务的虚拟机进行成组保护。

2. 存储容灾服务的核心技术

（1）基于 HyperMetro 的容灾，数据零丢失。

华为 HyperMetro 特性又称双活特性（以下统称双活特性），双活特性中的两个数据中心互为备份，且都处于运行状态。当一个数据中心发生设备故障，甚至数据中心整体故障时，业务自动切换到另一个数据中心，解决了传统灾备业务无法自动切换的问题，为用户提供高级别的数据可靠性以及业务连续性的同时，提高存储系统的资源利用率。

HyperMetro 双写流程如图 6-29 所示，具体流程如下。

①主机下发 I/O 到本地磁盘，并发送到 HyperMetro 复制网关集群。

②HyperMetro 集群记录 Log 后，将数据发送到容灾端。

③容灾端复制集群将数据写入 Cache。

④容灾端向上返回写入成功。

⑤容灾端向生产端返回写入成功，转而向上层主机返回写入成功。

⑥判断容灾端写入是否成功：如果写入成功，则删除 Log；如果写入失败，则 Log 转换为 DCL，记录生产站点与容灾站点差异数据。

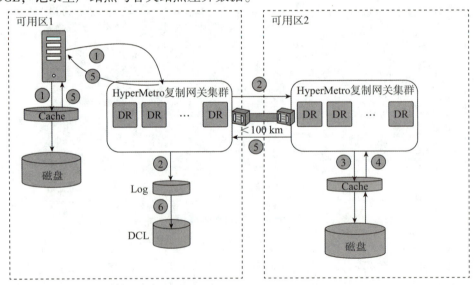

图 6-29　HyperMetro 双写流程

（2）部署简单，实现业务内多虚拟机成组保护。

用户可将需要容灾的云服务器在指定的保护组下创建保护实例。在当前的生产站点遇到不可抗力导致大规模服务器故障时，可以调用保护组的操作接口进行故障切换，从而确保保护实例上运行的业务正常连续。

SDRS 可为每一个需要复制的服务器挑选一个保护组，并创建一个保护实例。创建保护实例过程中，会在保护组的容灾站点创建对应的服务器和磁盘，服务器规格可根据需要进行选择，支持选择与生产站点服务器规格不同的容灾站点服务器创建保护实例，容灾站点磁盘规格与生产站点磁盘规格相同，且自动组成复制对，如图 6-30 所示。

SDRS 保护实例创建后，容灾站点服务器处于关机状态。这些自动创建的资源（包含服务器、磁盘等）在切换或者故障切换前无法使用。

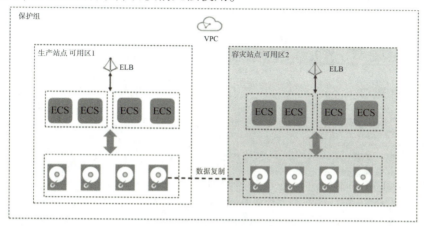

图 6-30　SDRS 业务成组保护

（3）一键式容灾切换。

当生产站点可用区内的云服务器和 EVS 由于不可抗力导致物理环境故障时，可执行故障切换操作，启用容灾站点可用区内的云服务器和 EVS 等资源，以确保业务正常运行。

如果启动故障切换，容灾站点的服务器和磁盘将立刻可用。用户可上电服务器，或者结合云服务器备份服务或 EVS 备份服务将数据恢复至指定的、具有应用一致性的数据恢复点。

故障切换时，SDRS 会对 ECS 的网卡进行迁移，切换后生产站点 ECS 的 IP、EIP、MAC 地址会迁移到容灾站点的 ECS 上，从而保持切换后和切换前 ECS 的 IP、EIP、MAC 地址保持不变，如图 6-31 所示。

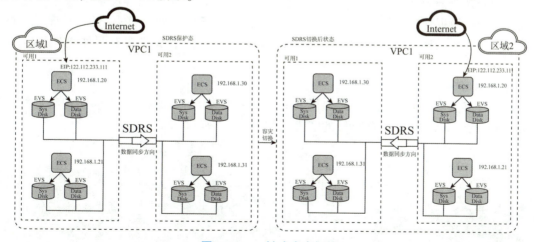

图 6-31　一键式容灾切换

（4）在线一键式容灾演练。

在不影响业务的情况下，通过容灾演练，模拟真实故障恢复场景，制订应急恢复预案，检验容灾方案的适用性、有效性。当真实故障发生时，通过预案快速恢复，提高业务连续性。

　　SDRS 提供的一键式容灾演练功能如图 6-32 所示，在演练 VPC（该 VPC 不能与容灾站点服务器所属 VPC 相同）内执行容灾演练，基于容灾站点服务器的磁盘快照，快速创建与容灾站点服务器规格、磁盘类型一致的容灾演练服务器。

　　为保证在灾难发生时，容灾切换能够正常进行，建议用户定期做容灾演练，检查以下内容。

　　①生产站点与容灾站点的数据能否在创建容灾演练那一刻实现实时同步；

　　②执行切换操作后，容灾站点的业务是否可以正常运行。

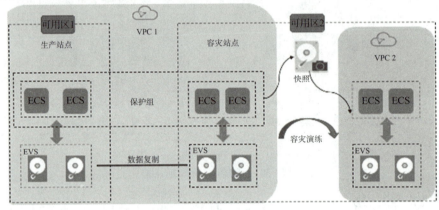

图 6-32　一键式容灾演练功能

6.4　行业解决方案分析

6.4.1　华为云混合云容灾解决方案

　　华为云混合云容灾解决方案，能够为客户提供多云以及跨云的容灾备份能力，满足企业业务部署、数据保护和管理的综合策略，实现"多云备份，云上容灾"的多重基础保障，有效提高企业业务连续性，保障关键数据安全可靠。混合云容灾主要有两种：跨云容灾和云上容灾。

1. 跨云容灾

　　跨云容灾主要面向企业、金融提供本地数据中心容灾上云能力，能够实现物理机（虚拟机）到云的容灾，实现 RPO 秒级的能力，如图 6-33 所示。

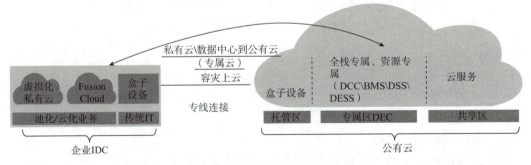

图 6-33　跨云容灾

2. 云上容灾

云上容灾主要针对大型企业、政府、金融客户，提供云上业务更高等级灾备能力，如图 6-34 所示。

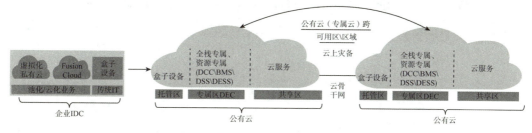

图 6-34 云上容灾

6.4.2 华为云混合云容灾解决方案分析

华为云混合云容灾解决方案分为数据库容灾、冷备容灾、热备容灾、应用双活容灾，如表 6-6 所示。

表 6-6 华为云混合云容灾解决方案

描述	数据库容灾	冷备容灾	热备容灾	应用双活容灾
云容灾模式	将数据库业务在云上进行主备容灾。主备数据库之间采用主从模式进行容灾复制。云上容灾端不部署应用	将数据库和应用在云上进行容灾。数据库做主备容灾，云上灾备端部署应用，平时虚拟机不启动	将数据库和应用在云上进行容灾。数据库做主备容灾，云上灾备端部署应用，平时虚拟机启动	云上进行应用双活容灾。数据库做主备容灾，主备端应用同时对外提供服务
场景	(1)RPO 一般为小时级或更低，RTO 为天级；(2)预算有限；(3)大企业	(1)应用容灾，RPO 一般为分钟级或更低，RTO 可为 8 h、12 h、24 h；(2)成本敏感；(3)大企业	(1)应用容灾，RPO 一般为分钟级，RTO 一般低于 4 h；(2)金融、能源、交通、服务等行业	(1)应用容灾，RPO、RTO 接近于 0；(2)互联网、金融、能源、交通、服务等行业

(1)跨云容灾：数据库容灾。

①适用场景：适用于仅要求数据库容灾，不要求应用容灾的场景。

②方案架构：用户访问流量，即通过 DNS 将用户流量全部引流至生产站点，容灾中心因为无应用部署，所以不接受用户流量，如图 6-35 所示。

③Web/APP Server 数据同步：不同步。

④数据库同步：主备容灾，线下为主，线上为备。针对同步的数据库类型可采用相应数据库自带的复制技术进行容灾，也可通过第三方工具进行容灾。

⑤容灾恢复切换：可通过人工方式或第三方软件将应用对数据库的访问从生产端切换到容灾端(考虑到时延，建议 100 km 以内)。

⑥容灾演练：用户自行通过人工或脚本方式演练，也可借助第三方工具演练。

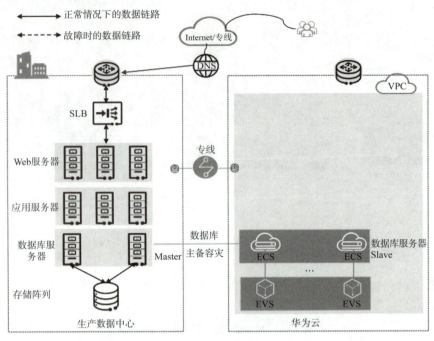

图 6-35　数据库容灾

（2）跨云容灾：冷备容灾。

①适用场景：适用于 RTO 要求不高且对 TCO 有一定要求的应用级容灾场景。

②方案架构：用户访问流量，即通过 DNS 进行业务访问流量控制，正常时 100%引流至生产端，灾难时 100%切换至容灾端，如图 6-36 所示。

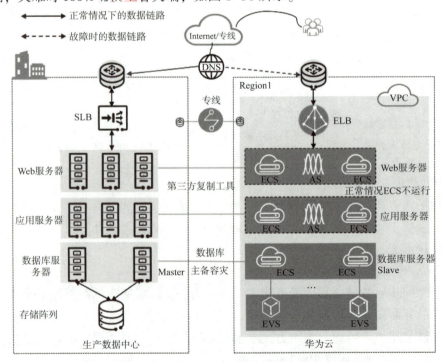

图 6-36　冷备容灾

③Web/APP Server 数据同步：Web、应用服务器更新频率低，可同时更新生产端和容灾端；更新频率高，可通过第三方工具同步；容灾端 Web 和应用服务器不运行。

④数据库同步：主备容灾，线下为主，线上为备。针对同步的数据库类型可采用相应数据库自带的复制技术进行容灾，也可通过第三方工具进行容灾。

⑤容灾恢复切换：可通过人工方式或第三方软件将应用对数据库的访问从生产端切换到容灾端。

⑥容灾演练：用户自行通过人工或脚本方式演练，也可借助第三方工具演练。

（3）跨云容灾：热备容灾。

①适用场景：适用于 RTO 要求高的应用级容灾场景。

②方案架构：用户访问流量，即通过 DNS 进行业务访问流量控制，正常时 100%引流至生产端，灾难时 100%切换至容灾端，如图 6-37 所示。

③Web/APP Server 数据同步：Web、应用服务器更新频率低，可同时更新生产端和容灾端；更新频率高，可通过第三方工具同步；容灾端 Web 和应用服务器运行，不承担业务。

④数据库同步：主备容灾，线下为主，线上为备。针对同步的数据库类型可采用相应数据库自带的复制技术进行容灾，也可通过第三方工具进行容灾。

⑤容灾恢复切换：可通过人工方式或第三方软件将应用对数据库的访问从生产端切换到容灾端。

⑥容灾演练：用户自行通过人工或脚本方式演练，也可借助第三方工具演练。

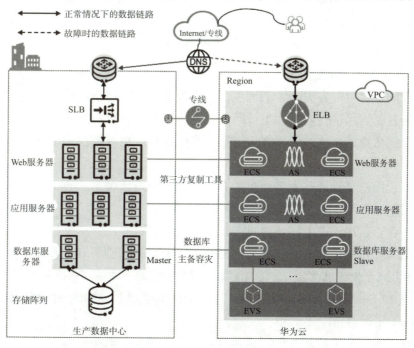

图 6-37　热备容灾

（4）跨云容灾：应用双活容灾。

①适用场景：适用于对容灾可靠性要求较高，要求业务双活的场景。

②方案架构：用户访问流量，即通过 DNS 的全局负载均衡（Global Server Load Balance，GLSB）进行业务访问流量控制，正常时用户流量可按策略（主备各 50%）分流至生产端和容灾端，灾难时，100% 切换至容灾端，如图 6-38 所示。

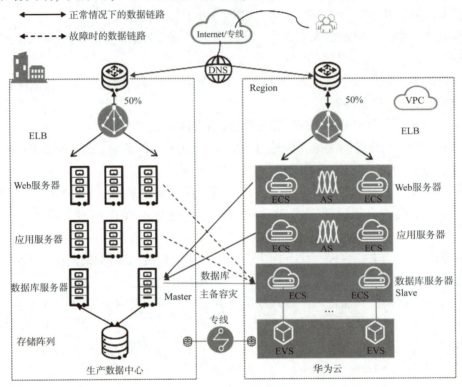

图 6-38　应用双活容灾

③Web/APP Server 数据同步：应用无状态，生产端和容灾端同时承载业务。

④数据库同步：主备容灾，线下为主，线上为备。针对同步的数据库类型可采用相应数据库自带的复制技术进行容灾，也可通过第三方工具进行容灾。

⑤容灾恢复切换：可通过人工方式或第三方软件将应用对数据库的访问从生产端切换到容灾端。

容灾演练：用户自行通过人工或脚本方式演练，也可借助第三方工具演练。

（5）云上跨可用区容灾：同城容灾解决方案。

①适用场景：适用于云上同城容灾场景。

②方案架构：用户访问流量，即通过 DNS 的 GLSB 进行业务访问流量控制，正常时用户流量 100% 引流至生产端，灾难时，100% 切换至容灾端，如图 6-39 所示。

③Web/APP Server 数据同步：Web、应用服务器通过 SDRS 实现同步，RPO = 0，RTO ≤ 30 min。平时容灾端不启动。

④数据库同步：云上使用 RDS，跨可用区主备部署来做数据同步。

⑤容灾恢复切换：当生产端出现故障时，RDS 自动切换，应用层通过 SDRS 的一键容灾切换至容灾端，并通过智能 DNS 引流至容灾端。

⑥容灾演练：通过 SDRS 的容灾演练功能来完成。

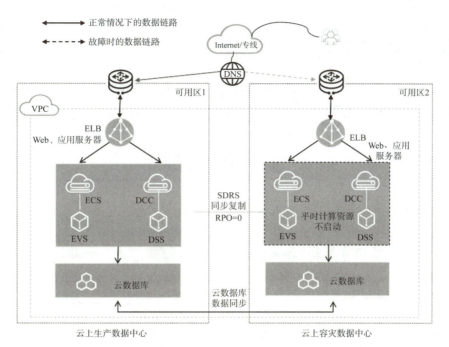

正常情况下的数据链路
故障时的数据链路

图6-39 数据库容灾

(6)云上两地三中心容灾解决方案。

①适用场景：适用于超大规模地域级自然灾害场景。

②方案架构：生产端和容灾端分别部署在华为云的两个区域。同城双可用区，异地容灾端单可用区；生产端和容灾端分别部署RDS实例，同城跨可用区做主备，跨区域做数据复制服务（Data Replication Service，DRS）来完成RDS复制；生产端和容灾端产生的应用配置、日志、备份等，通过OBS来做跨区复制；生产端某可用区故障时，通过SDRS将应用切换至另一可用区，RDS主备切换；区域1故障时，RDS切换，将DNS授权修改为生产端0%，容灾端100%；区域1修复后，RDS回切，DNS回切，如图6-40所示。

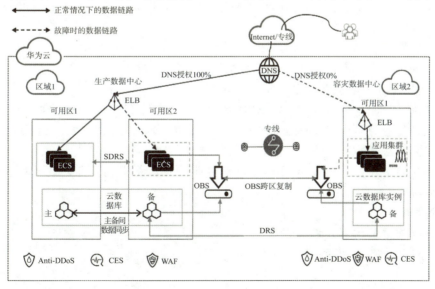

图6-40 云上两地三中心容灾

6.5 本章小结

本章主要介绍了容灾的重要性、容灾和备份的区别，还介绍了容灾的应用场景和华为云容灾中用到的技术、行业解决方案。

习 题

一、选择题

1. 以下备份方式中，占用空间最多的是(　　)。

A. 全量备份　　　　B. 增量备份　　　　C. 差量备份　　　　D. 定时备份

2. (多选)华为云 CBR 服务能够备份以下哪些场景(　　)?

A. Hyper-V　　　　B. VMware　　　　C. 华为云　　　　D. Power

3. (多选)华为云云容灾服务涉及的概念包括(　　)。

A. RTO　　　　　B. RPO　　　　　C. 保留时间　　　　D. 备份策略

4. 客户属于某国有银行，对于容灾级别要求极高，推荐的容灾方案是(　　)。

A. 冷备容灾　　　　B. 热备容灾　　　　C. 同城容灾　　　　D. 两地三中心

5. 某企业准备上线华为桌面云系统，该企业对数据安全性要求高，现对用户虚拟机进行整机备份，以下不需要考虑的事项是(　　)。

A. 备份介质：介质是数据的载体，它的质量一定要有保证，使用质量不过关的介质无疑是拿企业的数据在冒险。

B. 备份网络：备份网络可以选择 SAN，也可以选择 LAHI，备份网络是数据传输的通道，数据备份的效率高低与备份网络有密切关系。

C. 备份的用户数据类型：用户数据有文档、视频等类型，不同的数据类型采用的备份方案也是不一样的，切勿用备份文档的方式来备份视频

D. 备份软件：优秀的备份软件包括加速备份、自动操作、灾难恢复等特殊功能，对于安全有效的数据备份是非常重要的

二、判断题

1. 为了减少业务中断时间，应该想办法缩短 RTO 的时间。　　　　　　　　(　　)

2. MySQL 数据库容灾属于容灾解决方案中的一种。　　　　　　　　　　　(　　)

3. 应用双活容灾的特点有 RTO、RPO 接近于 0，适用于金融、政府等行业。(　　)

4. 容灾即服务为基于 OpenStack 的云数据中心提供容灾解决方案，用户可以为虚拟机选择双活或主备容灾服务。　　　　　　　　　　　　　　　　　　　　(　　)

5. 在容灾能力上，本地高可用容灾是当前最好的容灾模式，可以最大程度保护数据和业务连续性。　　　　　　　　　　　　　　　　　　　　　　　　　　　(　　)

三、简答题

1. 简述本章学习的容灾解决方案。

2. 简述快照和备份的区别。

第7章 上云迁移解决方案

随着企业业务的不断发展，服务器数量快速增加，服务器维护工作量大、维护成本高，机房空间紧张等问题也急需解决。传统的 IT 基础设施建设和维护成本高昂，对企业来说是一个巨大的负担。而基于云计算计算技术的 IT 系统，具有资源利用率高、弹性调整、按需分配使用、系统部署简单、业务上线快等特点，使企业的 IT 系统可以更好地适应当前业务趋势的发展和变化。除此之外，随着数据泄露和网络安全风险的增加，企业对数据安全和合规性的要求也越来越高。云服务提供商通常具有严格的安全措施和合规性认证，能够为企业提供更高水平的数据安全保障。传统 IT 系统向云化 IT 系统的进化，业务上云迁移成为企业发展的必然之路。

7.1 迁移设计与实施

7.1.1 上云迁移的背景和意义

首先，传统 IT 往往需要企业自己购买和维护硬件设备，而这些设备往往无法充分利用，造成资源浪费；其次，传统 IT 的建设和维护成本较高，包括硬件设备的购买、安装、维修和升级等方面；再次，传统 IT 的扩展能力有限，无法根据业务需求灵活调整资源；最后，传统 IT 的维护和管理较为复杂，需要企业自己投入大量的人力和时间来保证系统的正常运行和安全性。以上这些弊端限制了企业的业务发展和创新能力。我们可以通过如图 7-1 所示的一些数据来了解传统 IT 的弊端。

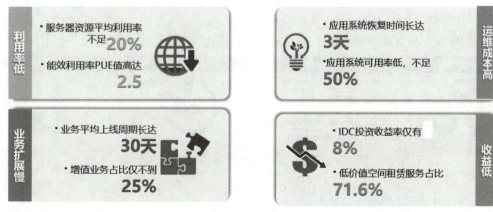

图 7-1 传统 IT 的弊端

传统 IT 系统带来的弊端，让上云迁移势在必行。

上云迁移的目的是把业务系统完整、可靠地迁移到云上，保证上云后用户业务正常稳定运行。上云迁移包括迁移主机、迁移数据库、迁移存储以及迁移应用。

云化业务是企业 IT 系统的必然之路，业务迁移是企业 IT 业务云化的加速器。业务云化之后能够实现以下目标：提升资源的利用率，降低开销；业务敏捷上线，缩短业务上线周期；简化系统，降低运维成本；增强业务扩展能力，带来更高的利益。

7.1.2 上云迁移解决方案介绍

1. 业务迁移的划分

按业务迁移场景划分，FusionSphere 解决方案的业务迁移类型主要有以下 3 种。

（1）P2V 迁移。

P2V（Physical to Virtual）迁移指迁移物理机的操作系统及其上的应用软件和数据到华为 UVP（Unified Virtualization Platform）中。这种迁移方式主要是使用各种工具软件，把物理机上的系统状态和数据"镜像"到华为云平台提供的虚拟机中，并且在虚拟机中"替换"物理机的存储硬件与网卡驱动程序。只要在虚拟机中安装好相应的驱动程序并且设置与原来服务器相同的地址（如 IP 等），在重启虚拟机后，虚拟机即可替代物理机进行工作。

（2）V2V 迁移。

V2V（Virtual to Virtual）迁移是在虚拟机之间移动操作系统和数据，照顾主机级别的差异和处理不同的虚拟硬件，如 VMware 迁移到 KVM，KVM 迁移到 UVP。可以通过多种方式将虚拟机从一个 VM Host 系统移动到另一个 VM Host 系统。

（3）华为云平台内部虚拟机业务迁移。

华为云平台内部虚拟机业务迁移是指虚拟机在同版本或跨版本 FusionSphere 平台上移动操作系统和数据。

2. 业务迁移面临的挑战

业务迁移面临的挑战如图 7-2 所示，具体如下。

（1）业务场景复杂。服务器、存储、交换机等硬件设备的多样化，操作系统类型、版本的多样化。

（2）操作复杂。硬件不兼容，应用系统繁多，业务之间关联性大。

（3）停机时间长。P2V 迁移需要特殊工具，一般要求停机几个小时，长距离传输可能会引起更长时间的停机。

（4）费用高。站点迁移速度慢，通常需要购买昂贵的工具。

图 7-2 业务迁移面临的挑战

7.1.3 上云迁移的流程设计

上云迁移大致分为 4 个阶段：评估调研、方案设计、上云迁移实施、验收与优化，如

图 7-3 所示。

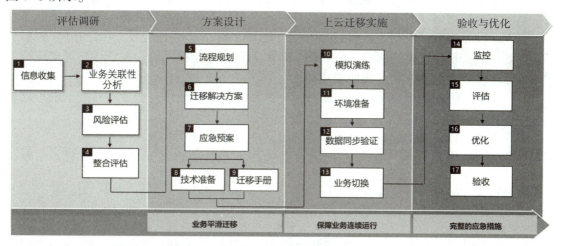

图 7-3　上云迁移的流程

1. 评估调研阶段

在迁移的第一个阶段，评估分为 4 个步骤，分别是信息收集、业务关联性分析、风险评估和整合评估。

（1）信息收集。

信息收集主要是 IT 软硬件资产信息收集和性能数据收集。收集内容包括服务器、网络设备软硬件配置信息；Hypervisor 配置信息、Cluster 配置信息；软件安装信息等。

（2）业务关联性分析。

业务关联性分析需要进行业务系统架构梳理，业务与 IT 系统关联性分析。例如，识别应用系统之间的配置关联；自动发现应用系统之间的配置关联（协议、端口、进程）；从上到下提供业务关联、应用系统关联、主机关联、软件进程关联关系视图等。

（3）风险评估。

根据业务关联性分析，用户应进行风险识别、迁移风险分析、业务影响风险分析等。

（4）整合评估。

在进行风险评估后，用户要进行系统运行周期分析、网络流量分析、性能基线建立、容量规划、可行性评估。

2. 方案设计阶段

在迁移的第二个阶段，主要包括流程规划、迁移解决方案、应急预案、技术准备与迁移手册。

（1）流程规划。

流程规划主要是业务目标站点选择、数据链路同步计划、整合批次规划、整合目标确定。

（2）迁移解决方案。

迁移解决方案主要包括迁移网络规划、上云迁移方案选型、整合方案制定开发、整合方案测试验证。

（3）应急预案。

应急预案主要包括风险应对方案、业务回退计划、应急响应计划、风险案例库。

（4）技术准备与迁移手册。

技术准备与迁移手册主要包括项目实施人组织人员确定、项目分析、项目批次实施计划、操作实施指导书、DNS 更新脚本、关联系统变更脚本、业务测试脚本、验收手册。

在方案设计阶段，主要是确定迁移方式、迁移工具、迁移时间节点、迁移网络规划、容量规划，以及迁移优先级的考虑、迁移应急预案和准备迁移手册。关于迁移优先级有固定的业务迁移顺序设计方案，具体描述如下。

对于业务系统迁移顺序，应先迁移开发测试系统，然后迁移一般业务系统，最后迁移关键业务系统，如图 7-4 所示。如此设计的原因如下。

①开发测试系统：访问量小，重要等级低，业务连续性要求低，中断影响小。

②一般业务系统：用户访问一般，重要等级一般，业务连续性要求一般，中断影响小。

③关键业务系统：用户访问频繁，关键重要业务，业务连续性要求高，中断影响大。

低	风险	高
低	对业务冲击	高
长	中断的时间窗口	短
易	复杂度	难

图 7-4　业务迁移顺序

3. 上云迁移实施

在迁移的第三个阶段，主要包括模拟演练、环境准备、数据同步验证、业务切换。

在进行上云迁移实施之前，需要进行迁移测试演练，即需要在后台云平台部署业务迁移工具环境，并对迁移工具和迁移方案进行测试。通过上一阶段的规划设计选择的迁移方案和迁移工具，尽可能模拟用户真实情况，测试各种场景下方案和工具的可行性，并输出测试报告。项目组评审后，和用户进行沟通，对迁移过程中出现的停机时间、风险点等再次进行沟通，和用户一起对迁移方案中需要修改的地方进行细化。

在迁移方案和迁移工具测试完成之后，按照和用户实现商定的迁移计划表进行业务迁移实施。具体实施为前期准备工作，主要包括迁移软件准备、迁移人员安排；迁移实施阶段，包括用户系统备份、迁移软件安装、系统迁移、系统验证、差异数据同步、验证业务、业务割接、业务再次验证、业务回退等步骤。

4. 验收与优化阶段

在迁移的第四个阶段，分别是监控、评估、优化和验收。

（1）监控。

在迁移完成之后，需要对关键 KPI 指标确认，每日健康巡检，实时性能监控。

（2）评估。

通过监控数据确定目标性能基线，性能基线对比（迁移前对比）。

（3）优化。

根据评估结果，如果不符合要求，则需要进行网络优化、存储优化、虚拟化平台优化、操作系统优化、数据库优化等。

（4）验收。

迁移最后一项是验收，需要出具验收测试和验收报告。

在迁移完成之后，需要按照前期和客户既定的指标进行验收，完成相关指标的验收即宣告业务迁移成功。如果有些指标达不到要求，则需要和客户沟通，进行整改或向客户提交相关定位报告，达成谅解或得到客户认可。

7.2　华为云迁移工具介绍

7.2.1　上云迁移工具介绍

上云迁移工具类型如图 7-5 所示。

工具类型	离线/在线	亚马逊	微软	VMware
Rainbow 工具	在线	支持	支持	支持
CloudBus工具	在线	支持	支持	支持
镜像导出/导入迁移（手动）	离线	支持	支持	支持
i2Move工具	在线	支持	支持	支持
Double-Take 工具（第三方）	在线	支持	支持	支持
Disk2vhd 工具（第三方）	离线	支持	支持	支持
Clonezilla 工具（第三方）	离线	不支持	支持	不支持

图 7-5　上云迁移工具类型

1. Rainbow 工具

Rainbow 是华为开发的业界领先的业务迁移服务配套工具，包括服务器信息采集、虚拟化评估和容量规划工具 Rainbow hSizing，业务迁移工具 Rainbow hConvertor。

Rainbow 可以提供端到端的 FusionSphere 业务迁移服务，场景涵盖 P2V、V2V 和华为云平台内部虚拟机业务迁移，无平台限制，可以支持迁移到目标私有云。

华为自研迁移工具 Rainbow hConvertor，支持 x86 架构下主流的 Linux、Windows 等操作系统平台迁移，部署简便；支持基于华为 FusionSphere 云平台的 P2V 和 V2V 业务迁移操作；支持基于 Windows 和 Linux 在线块级迁移、文件级迁移、数据同步。

2. CloudBus 工具

CloudBus 是自助迁移平台，提供将主机(x86 服务器或其他特定虚拟化平台的虚拟机)的数据完整迁移到目标平台或数据中心的服务。华为开发支持从 P2V、V2V 迁移，无平台限制，可以支持迁移到目标公有云，如华为云、亚马逊、天翼云、阿里云等。

CloudBus 支持 Windows 到 Windows 的数据迁移，Linux 到 Linux 的数据迁移、整机迁移。注意，它需要购买 License 才能使用。

3. 镜像导出/导入(手动)

镜像的手动导入和导出是一种常用的迁移方式。手动在云平台上执行导出镜像的命令或操作通常会生成一个镜像文件，将生成的镜像文件下载到本地计算机或存储设备，或者将之前导出的镜像文件上传到目标云平台，在目标云平台上执行导入镜像的命令或操作，将镜像文件导入到目标云平台中。需要注意的是，不同的云平台可能有不同的镜像导入和导出方式，具体的操作步骤可能会有所不同。为了简化镜像迁移的过程，一些云平台提供了自动化的镜像导入和导出工具或服务，可以更方便地进行迁移操作。如果需要进行大规模的镜像迁移，可以考虑使用这些工具或服务来提高效率，减少手工操作的复杂性。

4. i2Move 工具

i2Move 整机在线热迁移软件可以简化迁移工作，在不停机情况下，可一键迁移操作系统、应用程序和用户数据。迁移时间可预测，完成后无缝切换，由新主机整机接管。

i2Move 支持异构平台迁移，其优点是支持物理机及虚拟机之间的迁移，P2V（物理机到虚拟机）、V2V（虚拟机到虚拟机）、V2P（虚拟机到物理机）、P2P（物理机到物理机），其缺点是价格较高。

5. Double-Take 工具

Double-Take 可以通过源端和目的端部署代理工具，使用 IP 网络，在线将源端所有的数据复制到目的端实时在线迁移。它要求目的端安装和源端版本一致的操作系统和代理，适用于 P2P、P2V、V2V 场景，可提供跨存储的数据复制和容灾解决方案。

6. Disk2vhd 工具

Disk2vhd 是一款用于将逻辑磁盘转换为 VHD 格式虚拟磁盘的实用工具。利用该工具可以轻松地将当前系统中的分区生成为一个 VHD 文件，便于挂载到虚拟平台上。需要注意的是，受虚拟化平台产品对虚拟磁盘格式的限制，例如 Microsoft Virtual PC 仅支持最大 127 GB 的虚拟磁盘，那么所转换的虚拟磁盘则不能高于这个限制。

7. Clonezilla 工具

Clonezilla 是一个系统克隆工具，可以支持对整个系统进行克隆，也可以克隆单个分区。但其目前尚未支持差异备份和在线备份，目的分割区的大小必须等于或大于原来的分割区大小。

7.2.2 华为迁移工具 Rainbow 的工作原理

1. Linux 文件级迁移

Linux 文件级迁移如图 7-6 所示。

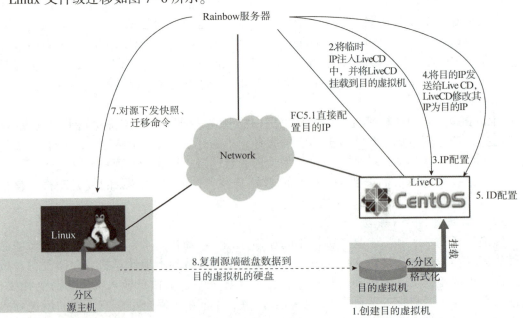

图 7-6　Linux 文件级迁移

（1）创建目的虚拟机（自动或手动创建）。

（2）将临时 IP 注入 LiveCD 的 ISO 文件，目的虚拟机通过共享挂载 LiveCD 的 ISO 文件，目的虚拟机重启并从光驱启动进入 LiveCD 系统。

（3）目的虚拟机启动进入 LiveCD 系统后，从 LiveCD 的 ISO 文件中读取临时 IP，并配置该 IP 作为临时 IP。此时 Rainbow 服务器就可以和 LiveCD 系统进行通信了。

（4）Rainbow 服务器发送目的 IP 给 LiveCD 系统。

（5）LiveCD 系统修改其 IP 地址为目的 IP，并释放临时 IP。从获取临时 IP 到成功修改为目的 IP 的时间为 5~10 s。

（6）Rainbow 服务器发送命令给 LiveCD 系统，对目的虚拟机的硬盘进行分区、格式化、挂载，LiveCD 系统已经可以向目的虚拟机的硬盘写数据了。

（7）Rainbow 服务器下发迁移命令。

（8）数据通过 LiveCD 系统写入目的虚拟机的硬盘。

（9）Rainbow 服务器对目的虚拟机进行重新配置。

（10）目的虚拟机重启并从硬盘启动，挂载 pvdriver。

（11）如果目的端为 FC 5.1 版本，则不需要执行步骤（2）~（4），FC 5.1 之前的版本需要执行步骤（2）~（4）。

（12）数据同步过程同步骤（2）~（9），仅复制变化数据。

（13）自动删除快照。

2. Windows 文件级迁移

Windows 文件级迁移如图 7-7 所示。

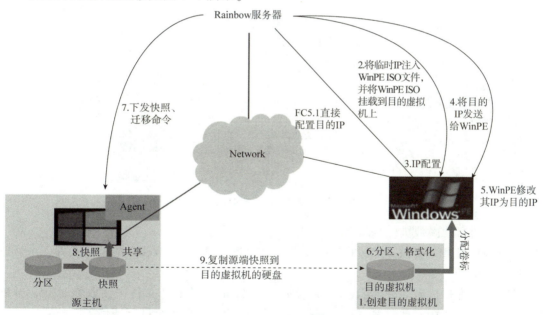

图 7-7　Windows 文件级迁移

（1）创建目的虚拟机（自动或手动创建）。

（2）将临时 IP 注入 WinPE 的 ISO 文件，目的虚拟机挂载 WinPE 的 ISO 文件，重启进入 WinPE 系统。

（3）WinPE 从 ISO 文件中读取临时 IP，并配置该 IP 作为临时 IP。此时 Rainbow 服务器就可以和 WinPE 系统进行通信了。

（4）Rainbow 服务器发送目的 IP 给 WinPE 系统。

（5）WinPE 系统修改其 IP 地址为目的 IP，并释放临时 IP。从获取临时 IP 到成功修改为目的 IP 的时间为 5~10 s。

（6）Rainbow 服务器发送命令给 WinPE 系统对目的虚拟机的硬盘进行分区、格式化、分配卷标，WinPE 系统已经可以向目的虚拟机的硬盘写数据了。

（7）Rainbow 服务器下发并执行命令对源服务器进行操作。

（8）源服务器做快照，并共享。

（9）WinPE 系统读取快照内容，把文件复制到目的虚拟机。

（10）Rainbow 服务器对目的虚拟机进行重新配置。

（11）目的虚拟机重启，从硬盘启动，并自动挂载 pvdriver。

（12）自动删除快照和 Agent（可选）。

3. Windows 块级迁移

Windows 块级迁移如图 7-8 所示。

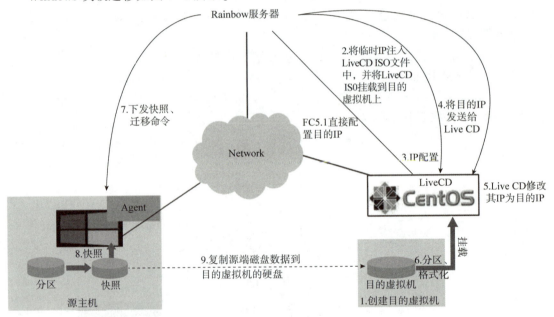

图 7-8　Windows 块级迁移

（1）创建目的虚拟机（自动或手动创建）。

（2）将临时 IP 注入 LiveCD 的 ISO 文件，目的虚拟机挂载 LiveCD 的 ISO 文件，重启进入 LiveCD 系统。

（3）目的虚拟机启动进入 LiveCD 系统后，从 LiveCD 的 ISO 文件中读取临时 IP，并配置该 IP 作为临时 IP。此时 Rainbow 服务器就可以和 LiveCD 系统进行通信了。

（4）Rainbow 服务器发送目的 IP 给 LiveCD 系统。

（5）LiveCD 系统修改其 IP 地址为目的 IP，并释放临时 IP。从获取临时 IP 到成功修改为目的 IP 的时间为 5~10 s。

（6）Rainbow 服务器发送命令给 LiveCD 系统对目的虚拟机的硬盘进行分区、格式化、挂载，LiveCD 系统已经可以向目的虚拟机的硬盘写数据了。

（7）Rainbow 服务器下发并执行命令对源服务器进行操作。

（8）源服务器做快照，并共享。

（9）源服务器将磁盘内容直接写入目的虚拟机的硬盘。

（10）Rainbow 服务器对目的虚拟机进行重新配置。

（11）目的虚拟机重启并从硬盘启动，挂载 pvdriver。

（12）自动删除快照和 Agent。

7.2.3　影响迁移的因素

1. 影响迁移效率的主要因素

影响迁移效率的因素如图 7-9 所示。

（1）专线网络带宽及网络质量。

（2）迁移源主机和目的端虚拟机的磁盘 I/O。

（3）迁移数据总量大小。

（4）源主机和目的端主机的性能（如 CPU、内存等）。

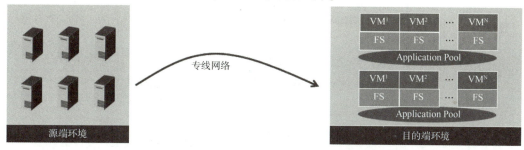

图 7-9　影响迁移效率的因素

2. 迁移中的网络约束

（1）仅支持局域网迁移，不支持广域网、NAT 网络迁移。

（2）仅支持私有云迁移，不支持公有云、桌面云迁移。

（3）迁移实施要求网络无丢包、无抖动、时延小于 2 ms、带宽大于 100 Mbit/s，如不满足此服务质量（Quality of Service，QoS）要求，则迁移失败风险较高。

（4）组网需要确保 Rainbow 服务器、源主机、FusionCompute/HUAWEI CLOUD Stack 平台上的虚拟机网络互通。

（5）Rainbow 服务器能访问 FusionCompute 平台的管理层网络。

（6）安全组策略需要满足数据进出方向的规则。

（7）需要确保系统防火墙和网络防火墙开放部分端口的访问权限。

（8）迁移速率受实际环境的影响，可能与设置的迁移速率有一定的差异。

3. 迁移源端约束

（1）Windows 迁移源端约束。

Windows 迁移源端约束如表 7-1 所示。

表 7-1　Windows 迁移源端约束

约束项	说明
操作系统	仅支持 CentOS 7.0 等兼容操作系统迁移，不支持多操作系统迁移，应确保源端操作系统已激活

续表

约束项	说明
引导方式	支持基本输入输出系统（Basic Input Output System，BIOS）和统一可扩展固件接口（Unified Extensible Firmware Interface，UEFI）引导的系统迁移，因技术发展兼容操作系统会有变动，具体以华为官网兼容列表为准
源端账户	要求使用仅属于 Administrator 组的管理员账户，推荐使用系统默认的管理员账户
源端系统时间	保证源端的本地系统时间在 2015 年 1 月 2 日之后
可用内存	可用内存大于 512 MB
可用空间	如果分区总空间大于 500 MB，则需确保分区的可用空间大于 320 MB；如果分区总空间小于 500 MB，则需确保分区的可用空间大于 40 MB；或者某个分区的可用空间大于所需的总空间
分区数量	不支持分区数大于 23 个的系统迁移（盘符数量限制）
文件系统	仅支持新技术文件系统（New Technology File System，NTFS）
数据量	如果存在单分区数据量大于 500 GB 或文件数量大于 100 万个，则迁移失败风险较高
端口	需要开放必要的迁移服务端口 445 和 8899 若 445 端口未开放，则需要在源端手动安装 HconvertorAgent
共享磁盘	不支持磁盘类型为共享的磁盘迁移
共享分区	不迁移外部挂载的共享分区（如 CIFS、NFS）
半虚拟化	不支持半虚拟化系统迁移
裸设备	不支持裸设备系统迁移
加密文件	不支持含有受保护文件夹、加密卷的系统迁移
群集应用	不支持含有群集类应用的系统
数据库与应用	只用于系统迁移，如果包含 Altium Designer、数据库等大型应用时，则参考应用自身迁移方案
应用与硬件绑定	不支持含有与硬件绑定的应用的系统迁移

（2）Linux 迁移源端约束。

Linux 迁移源端约束如表 7-2 所示。

表 7-2　Linux 迁移源端约束

约束项	说明
操作系统	仅支持在 CentOS 7.0 操作系统迁移。不支持多操作系统迁移
引导方式	支持 BIOS 和 UEFI 引导的系统迁移，因技术发展兼容操作系统会有变动，具体以华为官网兼容列表为准
源端账户	需使用具有管理员权限的账户，推荐使用系统默认的管理员账户
可用内存	可用内存大于 512 MB
可用空间	根分区的可用空间需确保大于 200 MB。其他分区的可用空间需确保大于 1 MB

续表

约束项	说明
文件系统	支持 Ext2、Ext3、Ext4、VFAT、XFS、ReiserFS 文件系统迁移。支持 SUSE12 的 BTRFS 文件系统迁移
磁盘分区	仅支持正常使用的分区迁移
数据量	如果存在单分区数据量大于 500 GB 或文件数量大于 100 万个，则迁移失败风险较高
组件依赖	源端需要有 ssh、sftp、tar、rsync 组件
SSH 服务开启	源端系统需要开启安全外壳协议（Secure Shell，简称 SSH）服务，如果没有开启，则在源端系统使用自身命令启动该服务（如 service ssh start）
半虚拟化	不支持半虚拟化系统迁移
裸设备	不支持裸设备系统迁移
共享磁盘	不支持磁盘类型为共享的磁盘迁移
共享分区	不迁移外部挂载的共享分区（如 CIFS、NFS）
LVM	不支持含 RAID、条带设置的逻辑卷管理（Logical Volume Manager，LVM）的系统迁移
加密文件	不支持含有受保护文件夹、加密卷的系统迁移
群集应用	不支持含有群集类应用的系统
数据库与应用	只用于系统迁移，如果包含 Altium Designer、数据库等大型应用时，则参考应用自身迁移方案
应用与硬件绑定	不支持含有与硬件绑定的应用的系统迁移

7.2.4 兼容性列表

1. 平台兼容性

（1）FusionCompute 平台兼容性。

FusionCompute 平台支持以下底层虚拟化技术类型为基础的私有云源平台，具体如表 7-3 所示。

表 7-3 FusionCompute 平台兼容性列表

源平台的底层虚拟化技术类型支持	目的端平台类型
KVM XEN Hyper-V VMware x86 物理机	FusionCompute 6. 3. 0 FusionCompute 6. 3. 1 FusionCompute 6. 5. RC1 FusionCompute 6. 5. 0 FusionCompute 6. 5. 1 FusionCompute 8. 0. RC3 FusionCompute 8. 0. 0

（2）HUAWEI CLOUD Stack 平台兼容性。

HUAWEI CLOUD Stack 平台支持以下列底层虚拟化技术类型为基础的私有云源平台，

鲲鹏云服务技术与应用

具体如表 7-4 所示。

表 7-4　HUAWEI CLOUD Stack 平台兼容性列表

源平台的底层虚拟化技术类型支持	目的端平台类型
KVM XEN Hyper-V VMware x86 物理机	FusionCloud 2.0.6 FusionCloud 6.3.0 FusionCloud 6.3.1 HUAWEI CLOUD Stack 6.5.0 HUAWEI CLOUD Stack 6.5.1 HUAWEI CLOUD Stack 8.0.RC3 HUAWEI CLOUD Stack 8.0.0

2. 操作系统兼容性

（1）FusionCompute 操作系统兼容性。

FusionCompute 支持的操作系统版本如表 7-5 所示。

表 7-5　FusionCompute 操作系统兼容性列表

OS 类型	OS 版本	位数	启动方式	迁移支持
Windows	Windows 7	32/64	BIOS	√
	Windows 10	32	BIOS	√
	Windows 10	64	BIOS/UEFI	√
	Windows Server 2008	32/64	BIOS	√
	Windows Server 2008 R2	64	BIOS	√
	Windows Server 2012	64	BIOS/UEFI	√
	Windows Server 2012 R2	64	BIOS/UEFI	√
	Windows Server 2016	64	BIOS/UEFI	√
	Windows Server 2019	64	BIOS/UEFI	√
SUSE	SUSE Linux Enterprise 11 SP3	32	BIOS	√
	SUSE Linux Enterprise 11 SP3	64	BIOS/UEFI	√
	SUSE Linux Enterprise 11 SP4	32/64	BIOS	√
	SUSE Linux Enterprise 12	64	BIOS	√
	SUSE Linux Enterprise 12 SP1	64	BIOS/UEFI	√
	SUSE Linux Enterprise 12 SP2	64	BIOS	√
	SUSE Linux Enterprise 12 SP3	64	BIOS	√
	SUSE Linux Enterprise 12 SP4	64	BIOS	√
	SUSE Linux Enterprise 12 SP5	64	BIOS	√
	SUSE Linux Enterprise 15	64	BIOS	√
	SUSE Linux Enterprise 15 SP1	64	BIOS	√

续表

OS 类型	OS 版本	位数	启动方式	迁移支持
Red Hat	Red Hat Enterprise Linux 5. 6	32/64	BIOS	√
	Red Hat Enterprise Linux 5. 7	32/64	BIOS	√
	Red Hat Enterprise Linux 5. 8	32/64	BIOS	√
	Red Hat Enterprise Linux 5. 9	32/64	BIOS	√
	Red Hat Enterprise Linux 5. 10	32/64	BIOS	√
	Red Hat Enterprise Linux 5. 11	32/64	BIOS	√
	Red Hat Enterprise Linux 6. 0	32/64	BIOS	√
	Red Hat Enterprise Linux 6. 1	32/64	BIOS	√
	Red Hat Enterprise Linux 6. 2	32/64	BIOS	√
	Red Hat Enterprise Linux 6. 3	32/64	BIOS	√
	Red Hat Enterprise Linux 6. 4	32/64	BIOS	√
	Red Hat Enterprise Linux 6. 5	32	BIOS	√
	Red Hat Enterprise Linux 6. 5	64	BIOS/UEFI	√
	Red Hat Enterprise Linux 6. 6	32	BIOS	√
	Red Hat Enterprise Linux 6. 6	64	BIOS/UEFI	√
	Red Hat Enterprise Linux 6. 7	32/64	BIOS	√
	Red Hat Enterprise Linux 6. 8	32/64	BIOS	√
	Red Hat Enterprise Linux 6. 9	64	BIOS/UEFI	√
	Red Hat Enterprise Linux 6. 10	32/64	BIOS	√
	Red Hat Enterprise Linux 7. 0	64	BIOS/UEFI	√
	Red Hat Enterprise Linux 7. 1	64	BIOS/UEFI	√
	Red Hat Enterprise Linux 7. 2	64	BIOS	√
	Red Hat Enterprise Linux 7. 3	64	BIOS/UEFI	√
	Red Hat Enterprise Linux 7. 4	64	BIOS/UEFI	√
	Red Hat Enterprise Linux 7. 5	64	BIOS	√
	Red Hat Enterprise Linux 7. 6	64	BIOS	√
	Red Hat Enterprise Linux 8. 0	64	BIOS	√
CentOS	CentOS 6. 0	32/64	BIOS	√
	CentOS 6. 1	32/64	BIOS	√
	CentOS 6. 2	32/64	BIOS	√
	CentOS 6. 3	32/64	BIOS	√

续表

OS 类型	OS 版本	位数	启动方式	迁移支持
CentOS	CentOS 6. 4	32/64	BIOS	√
	CentOS 6. 5	32/64	BIOS	√
	CentOS 6. 6	32	BIOS	√
	CentOS 6. 6	64	BIOS/UEFI	√
	CentOS 6. 7	32/64	BIOS	√
	CentOS 6. 8	32/64	BIOS	√
	CentOS 6. 9	32	BIOS	√
	CentOS 6. 9	64	BIOS/UEFI	√
	CentOS 6. 10	32/64	BIOS	√
	CentOS 7. 0	64	BIOS/UEFI	√
	CentOS 7. 1	32/64	BIOS	√
	CentOS 7. 2	32/64	BIOS	√
	CentOS 7. 3	64	BIOS	√
	CentOS 7. 4	64	BIOS/UEFI	√
	CentOS 7. 5	64	BIOS	√
	CentOS 7. 6	64	BIOS	√
	CentOS 7. 7	64	BIOS	√
	CentOS 8. 0	64	BIOS	√
Oracle	Oracle Enterprise Linux 5. 6	64	BIOS	√
	Oracle Enterprise Linux 5. 7	64	BIOS	√
	Oracle Enterprise Linux 5. 8	64	BIOS	√
	Oracle Enterprise Linux 5. 9	64	BIOS	√
	Oracle Enterprise Linux 5. 10	64	BIOS	√
	Oracle Enterprise Linux 5. 11	32/64	BIOS	√
	Oracle Enterprise Linux 6. 3	32/64	BIOS	√
	Oracle Enterprise Linux 6. 4	64	BIOS	√
	Oracle Enterprise Linux 6. 5	32/64	BIOS	√
	Oracle Enterprise Linux 6. 6	32/64	BIOS	√
	Oracle Enterprise Linux 6. 7	32/64	BIOS	√
	Oracle Enterprise Linux 6. 8	32/64	BIOS	√
	Oracle Enterprise Linux 6. 9	64	BIOS/UEFI	√

续表

OS 类型	OS 版本	位数	启动方式	迁移支持
Oracle	Oracle Enterprise Linux 6. 10	64	BIOS	√
	Oracle Enterprise Linux 7. 0	64	BIOS	√
	Oracle Enterprise Linux 7. 1	64	BIOS	√
	Oracle Enterprise Linux 7. 2	64	BIOS	√
	Oracle Enterprise Linux 7. 3	64	BIOS	√
	Oracle Enterprise Linux 7. 4	64	BIOS/UEFI	√
	Oracle Enterprise Linux 7. 5	64	BIOS	√
	Oracle Enterprise Linux 7. 6	64	BIOS	√
Ubuntu	Ubuntu Server 14. 04	32	BIOS	√
	Ubuntu Server 14. 04	64	BIOS/UEFI	√
	Ubuntu Desktop 14. 04	32/64	BIOS	√
	Ubuntu Server 14. 04. 1	32/64	BIOS	√
	Ubuntu Server 14. 04. 2	32/64	BIOS	√
	Ubuntu Server 14. 04. 3	32/64	BIOS	√
	Ubuntu Desktop 14. 04. 3	32/64	BIOS	√
	Ubuntu Server 14. 04. 4	32/64	BIOS	√
	Ubuntu Desktop 14. 04. 4	32/64	BIOS	√
	Ubuntu Server 14. 04. 5	32/64	BIOS	√
	Ubuntu Server 16. 04	32	BIOS	√
	Ubuntu Server 16. 04	64	BIOS/UEFI	√
	Ubuntu Desktop 16. 04	32/64	BIOS	√
	Ubuntu Server 16. 04. 1	32/64	BIOS	√
	Ubuntu Desktop 16. 04. 1	32/64	BIOS	√
	Ubuntu Server 16. 04. 2	64	BIOS	√
	Ubuntu Server 16. 04. 3	32/64	BIOS	√
	Ubuntu Desktop 16. 04. 3	32/64	BIOS	√
	Ubuntu Server 16. 04. 4	64	BIOS	√
	Ubuntu Desktop 16. 04. 4	64	BIOS	√
	Ubuntu Server 16. 04. 5	64	BIOS	√
	Ubuntu Server 16. 04. 6	64	BIOS	√
	Ubuntu Server 16. 10	32/64	BIOS	√

OS 类型	OS 版本	位数	启动方式	迁移支持
Ubuntu	Ubuntu Desktop 16. 10	32/64	BIOS	√
	Ubuntu Server 17. 04	64	BIOS	√
	Ubuntu Desktop 17. 04	64	BIOS	√
	Ubuntu Server 17. 10	64	BIOS	√
	Ubuntu Desktop 17. 10	64	BIOS	√
	Ubuntu Server 18. 04	64	BIOS	√
	Ubuntu Desktop 18. 04	64	BIOS	√
	Ubuntu Server 18. 04. 1	64	BIOS	√
	Ubuntu Desktop 18. 04. 1	64	BIOS	√
	Ubuntu Server 18. 04. 2	64	BIOS	√
	Ubuntu Server 18. 04. 3	64	BIOS	√
	Ubuntu Server 19. 04	64	BIOS	√
Debian	Debian GNU/Linux 7. 0. 0	32/64	BIOS	√
	Debian GNU/Linux 7. 1. 0	32/64	BIOS	√
	Debian GNU/Linux 7. 2. 0	32/64	BIOS	√
	Debian GNU/Linux 7. 3. 0	32/64	BIOS	√
	Debian GNU/Linux 7. 4. 0	32/64	BIOS	√
	Debian GNU/Linux 7. 5. 0	32/64	BIOS	√
	Debian GNU/Linux 7. 6. 0	32/64	BIOS	√
	Debian GNU/Linux 7. 7. 0	32/64	BIOS	√
	Debian GNU/Linux 7. 8. 0	32/64	BIOS	√
	Debian GNU/Linux 7. 10. 0	32/64	BIOS	√
	Debian GNU/Linux 7. 11. 0	64	BIOS	√
	Debian GNU/Linux 8. 0. 0	32/64	BIOS	√
	Debian GNU/Linux 8. 2. 0	32/64	BIOS	√
	Debian GNU/Linux 8. 4. 0	32/64	BIOS	√
	Debian GNU/Linux 8. 5. 0	32/64	BIOS	√
	Debian GNU/Linux 8. 6. 0	32/64	BIOS	√
	Debian GNU/Linux 8. 7. 0	64	BIOS	√
	Debian GNU/Linux 8. 8. 0	64	BIOS/UEFI	√
	Debian GNU/Linux 8. 9. 0	64	BIOS	√

续表

OS 类型	OS 版本	位数	启动方式	迁移支持
Debian	Debian GNU/Linux 8.10.0	64	BIOS	√
	Debian GNU/Linux 8.11.0	64	BIOS	√
	Debian GNU/Linux 9.0.0	64	BIOS	√
	Debian GNU/Linux 9.3.0	64	BIOS	√
	Debian GNU/Linux 9.4.0	64	BIOS	√
	Debian GNU/Linux 9.5.0	64	BIOS	√
	Debian GNU/Linux 9.6.0	64	BIOS	√
	Debian GNU/Linux 9.7.0	64	BIOS	√
	Debian GNU/Linux 9.8.0	64	BIOS	√
	Debian GNU/Linux 9.9.0	64	BIOS	√
	Debian GNU/Linux 9.11.0	64	BIOS	√
	Debian GNU/Linux 10.0.0	64	BIOS	√
	Debian GNU/Linux 10.1.0	64	BIOS	√
	Debian GNU/Linux 10.2.0	64	BIOS	√
Scientific	Scientific Linux 6.3	32	BIOS	√
	Scientific Linux 6.5	32/64	BIOS	√
Linux	Rocky Version 6.0.42.41	64	BIOS	√
	Rocky Secure Server Version 6.0.80	64	BIOS	√
NeoKylin	NeoKylin Linux Advanced Server release 6.0	64	BIOS	√
	NeoKylin Linux Desktop release 6.0	64	BIOS	√
	NeoKylin Linux Advanced Server release 6.5	64	BIOS	√
	NeoKylin Linux Advanced Server release 6.7	64	BIOS	√
	NeoKylin Linux Advanced Server release 7.0	64	BIOS	√
	Neokylin Linux Advanced Server Operating System V7 Update 2	64	BIOS	√
	Neokylin Linux Advanced Server Operating System V7 Update 4	64	BIOS	√
RedFlag	RedFlag Linux 4.4	64	BIOS	√
	RedFlag Linux 7.3	64	BIOS	√
EulerOS	EulerOS 2.5	64	BIOS	√

（2）HUAWEI CLOUD Stack 操作系统兼容性。

HUAWEI CLOUD Stack 支持的操作系统如表 7-6 所示。

表7-6　HUAWEI CLOUD Stack 操作系统兼容性列表

OS 类型	OS 版本	位数	启动方式	迁移支持
Windows	Windows 7	32/64	BIOS	√
	Windows 10	32	BIOS	√
	Windows 10	64	BIOS/UEFI	√
	Windows Server 2008	32/64	BIOS	√
	Windows Server 2008 R2	64	BIOS	√
	Windows Server 2012	64	BIOS/UEFI	√
	Windows Server 2012 R2	64	BIOS/UEFI	√
	Windows Server 2016	64	BIOS/UEFI	√
	Windows Server 2019	64	BIOS/UEFI	√
SUSE	SUSE Linux Enterprise 11 SP3	32	BIOS	√
	SUSE Linux Enterprise 11 SP3	64	BIOS/UEFI	√
	SUSE Linux Enterprise 11 SP4	32/64	BIOS	√
	SUSE Linux Enterprise 12	64	BIOS	√
	SUSE Linux Enterprise 12 SP1	64	BIOS/UEFI	√
	SUSE Linux Enterprise 12 SP2	64	BIOS	√
	SUSE Linux Enterprise 12 SP3	64	BIOS	√
	SUSE Linux Enterprise 12 SP4	64	BIOS	√
	SUSE Linux Enterprise 12 SP5	64	BIOS	√
	SUSE Linux Enterprise 15	64	BIOS	√
	SUSE Linux Enterprise 15 SP1	64	BIOS	√
Red Hat	Red Hat Enterprise Linux 5.6	32/64	BIOS	√
	Red Hat Enterprise Linux 5.7	32/64	BIOS	√
	Red Hat Enterprise Linux 5.8	32/64	BIOS	√
	Red Hat Enterprise Linux 5.9	32/64	BIOS	√
	Red Hat Enterprise Linux 5.10	32/64	BIOS	√
	Red Hat Enterprise Linux 5.11	32/64	BIOS	√
	Red Hat Enterprise Linux 6.0	32/64	BIOS	√
	Red Hat Enterprise Linux 6.1	32/64	BIOS	√
	Red Hat Enterprise Linux 6.2	32/64	BIOS	√
	Red Hat Enterprise Linux 6.3	32/64	BIOS	√
	Red Hat Enterprise Linux 6.4	32/64	BIOS	√

续表

OS 类型	OS 版本	位数	启动方式	迁移支持
Red Hat	Red Hat Enterprise Linux 6.5	32	BIOS	√
	Red Hat Enterprise Linux 6.5	64	BIOS/UEFI	√
	Red Hat Enterprise Linux 6.6	32	BIOS	√
	Red Hat Enterprise Linux 6.6	64	BIOS/UEFI	√
	Red Hat Enterprise Linux 6.7	32/64	BIOS	√
	Red Hat Enterprise Linux 6.8	32/64	BIOS	√
	Red Hat Enterprise Linux 6.9	64	BIOS/UEFI	√
	Red Hat Enterprise Linux 6.10	32/64	BIOS	√
	Red Hat Enterprise Linux 7.0	64	BIOS/UEFI	√
	Red Hat Enterprise Linux 7.1	64	BIOS/UEFI	√
	Red Hat Enterprise Linux 7.2	64	BIOS	√
	Red Hat Enterprise Linux 7.3	64	BIOS/UEFI	√
	Red Hat Enterprise Linux 7.4	64	BIOS/UEFI	√
	Red Hat Enterprise Linux 7.5	64	BIOS	√
	Red Hat Enterprise Linux 7.6	64	BIOS	√
	Red Hat Enterprise Linux 8.0	64	BIOS	√
CentOS	CentOS 6.0	32/64	BIOS	√
	CentOS 6.1	32/64	BIOS	√
	CentOS 6.2	32/64	BIOS	√
	CentOS 6.3	32/64	BIOS	√
	CentOS 6.4	32/64	BIOS	√
	CentOS 6.5	32/64	BIOS	√
	CentOS 6.6	32	BIOS	√
	CentOS 6.6	64	BIOS/UEFI	√
	CentOS 6.7	32/64	BIOS	√
	CentOS 6.8	32/64	BIOS	√
	CentOS 6.9	32	BIOS	√
	CentOS 6.9	64	BIOS/UEFI	√
	CentOS 6.10	32/64	BIOS	√
	CentOS 7.0	64	BIOS/UEFI	√
	CentOS 7.1	32/64	BIOS	√

续表

OS 类型	OS 版本	位数	启动方式	迁移支持
CentOS	CentOS 7. 2	32/64	BIOS	√
	CentOS 7. 3	64	BIOS	√
	CentOS 7. 4	64	BIOS/UEFI	√
	CentOS 7. 5	64	BIOS	√
	CentOS 7. 6	64	BIOS	√
	CentOS 7. 7	64	BIOS	√
	CentOS 8. 0	64	BIOS	√
Oracle	Oracle Enterprise Linux 5. 6	64	BIOS	√
	Oracle Enterprise Linux 5. 7	64	BIOS	√
	Oracle Enterprise Linux 5. 8	64	BIOS	√
	Oracle Enterprise Linux 5. 9	64	BIOS	√
	Oracle Enterprise Linux 5. 10	64	BIOS	√
	Oracle Enterprise Linux 5. 11	32/64	BIOS	√
	Oracle Enterprise Linux 6. 3	32/64	BIOS	√
	Oracle Enterprise Linux 6. 4	64	BIOS	√
	Oracle Enterprise Linux 6. 5	32/64	BIOS	√
	Oracle Enterprise Linux 6. 6	32/64	BIOS	√
	Oracle Enterprise Linux 6. 7	32/64	BIOS	√
	Oracle Enterprise Linux 6. 8	32/64	BIOS	√
	Oracle Enterprise Linux 6. 9	64	BIOS/UEFI	√
	Oracle Enterprise Linux 6. 10	64	BIOS	√
	Oracle Enterprise Linux 7. 0	64	BIOS	√
	Oracle Enterprise Linux 7. 1	64	BIOS	√
	Oracle Enterprise Linux 7. 2	64	BIOS	√
	Oracle Enterprise Linux 7. 3	64	BIOS	√
	Oracle Enterprise Linux 7. 4	64	BIOS/UEFI	√
	Oracle Enterprise Linux 7. 5	64	BIOS	√
	Oracle Enterprise Linux 7. 6	64	BIOS	√
Ubuntu	Ubuntu Server 14. 04	32	BIOS	√
	Ubuntu Server 14. 04	64	BIOS/UEFI	√
	Ubuntu Desktop 14. 04	32/64	BIOS	√

续表

OS 类型	OS 版本	位数	启动方式	迁移支持
Ubuntu	Ubuntu Server 14. 04. 1	32/64	BIOS	√
	Ubuntu Server 14. 04. 2	32/64	BIOS	√
	Ubuntu Server 14. 04. 3	32/64	BIOS	√
	Ubuntu Desktop 14. 04. 3	32/64	BIOS	√
	Ubuntu Server 14. 04. 4	32/64	BIOS	√
	Ubuntu Desktop 14. 04. 4	32/64	BIOS	√
	Ubuntu Server 14. 04. 5	32/64	BIOS	√
	Ubuntu Server 16. 04	32	BIOS	√
	Ubuntu Server 16. 04	64	BIOS/UEFI	√
	Ubuntu Desktop 16. 04	32/64	BIOS	√
	Ubuntu Server 16. 04. 1	32/64	BIOS	√
	Ubuntu Desktop 16. 04. 1	32/64	BIOS	√
	Ubuntu Server 16. 04. 2	64	BIOS	√
	Ubuntu Server 16. 04. 3	32/64	BIOS	√
	Ubuntu Desktop 16. 04. 3	32/64	BIOS	√
	Ubuntu Server 16. 04. 4	64	BIOS	√
	Ubuntu Desktop 16. 04. 4	64	BIOS	√
	Ubuntu Server 16. 04. 5	64	BIOS	√
	Ubuntu Server 16. 04. 6	64	BIOS	√
	Ubuntu Server 16. 10	32/64	BIOS	√
	Ubuntu Server 17. 04	64	BIOS	√
	Ubuntu Desktop 17. 04	64	BIOS	√
	Ubuntu Desktop 17. 10	64	BIOS	√
	Ubuntu Server 17. 10	64	BIOS	√
	Ubuntu Desktop 18. 04	64	BIOS	√
	Ubuntu Server 18. 04	64	BIOS	√
	Ubuntu Desktop 18. 04. 1	64	BIOS	√
	Ubuntu Server 18. 04. 1	64	BIOS	√
	Ubuntu Server 18. 04. 2	64	BIOS	√
	Ubuntu Server 18. 04. 3	64	BIOS	√
	Ubuntu Server 19. 04	64	BIOS	√

续表

OS 类型	OS 版本	位数	启动方式	迁移支持
Debian	Debian GNU/Linux 7.0.0	32/64	BIOS	√
	Debian GNU/Linux 7.1.0	32/64	BIOS	√
	Debian GNU/Linux 7.2.0	32/64	BIOS	√
	Debian GNU/Linux 7.3.0	32/64	BIOS	√
	Debian GNU/Linux 7.4.0	32/64	BIOS	√
	Debian GNU/Linux 7.5.0	32/64	BIOS	√
	Debian GNU/Linux 7.6.0	32/64	BIOS	√
	Debian GNU/Linux 7.7.0	32/64	BIOS	√
	Debian GNU/Linux 7.8.0	32/64	BIOS	√
	Debian GNU/Linux 7.10.0	32/64	BIOS	√
	Debian GNU/Linux 7.11.0	64	BIOS	√
	Debian GNU/Linux 8.0.0	32/64	BIOS	√
	Debian GNU/Linux 8.2.0	32/64	BIOS	√
	Debian GNU/Linux 8.4.0	32/64	BIOS	√
	Debian GNU/Linux 8.5.0	32/64	BIOS	√
	Debian GNU/Linux 8.6.0	32/64	BIOS	√
	Debian GNU/Linux 8.7.0	64	BIOS	√
	Debian GNU/Linux 8.8.0	64	BIOS/UEFI	√
	Debian GNU/Linux 8.9.0	64	BIOS	√
	Debian GNU/Linux 8.10.0	64	BIOS	√
	Debian GNU/Linux 8.11.0	64	BIOS	√
	Debian GNU/Linux 9.0.0	64	BIOS	√
	Debian GNU/Linux 9.3.0	64	BIOS	√
	Debian GNU/Linux 9.4.0	64	BIOS	√
	Debian GNU/Linux 9.5.0	64	BIOS	√
	Debian GNU/Linux 9.6.0	64	BIOS	√
	Debian GNU/Linux 9.7.0	64	BIOS	√
	Debian GNU/Linux 9.8.0	64	BIOS	√
	Debian GNU/Linux 9.9.0	64	BIOS	√
	Debian GNU/Linux 9.11.0	64	BIOS	√
	Debian GNU/Linux 10.0.0	64	BIOS	√

续表

OS 类型	OS 版本	位数	启动方式	迁移支持
Debian	Debian GNU/Linux 10.1.0	64	BIOS	√
	Debian GNU/Linux 10.2.0	64	BIOS	√
Scientific	Scientific Linux 6.3	32	BIOS	√
	Scientific Linux 6.5	32/64	BIOS	√
Linx	Rocky Version 6.0.42.41	64	BIOS	√
	Rocky Secure Server Version 6.0.80	64	BIOS	√
NeoKylin	NeoKylin Linux Advanced Server release 6.0	64	BIOS	√
	NeoKylin Linux Desktop release 6.0	64	BIOS	√
	NeoKylin Linux Advanced Server release 6.5	64	BIOS	√
	NeoKylin Linux Advanced Server release 6.7	64	BIOS	√
	NeoKylin Linux Advanced Server release 7.0	64	BIOS	√
	Neokylin Linux Advanced Server Operating System V7 Update 2	64	BIOS	√
	Neokylin Linux Advanced Server Operating System V7 Update 4	64	BIOS	√
RedFlag	RedFlag Linux 4.4	64	BIOS	√
	RedFlag Linux 7.3	64	BIOS	√
EulerOS	EulerOS 2.5	64	BIOS	√

7.2.5　迁移流程

执行一个完整迁移任务的流程如下。

1. 配置云平台(只用初始配置一次,所有任务共用该配置信息)

(1)在 Rainbow 迁移工具导航栏中选择"迁移准备"→"目的云平台管理",进入云平台管理界面。

(2)单击"添加 FusionCompute",进行云平台配置。

(3)添加云平台。

关于云平台配置项的说明如表 7-7 所示。

表 7-7　云平台配置项说明

配置项名称	配置项说明
云平台名称	自定义,云平台名称只能包含大小写字母、中文、数字、特殊字符,且不能以空格开头或结尾,长度为 1~50 个字符
版本号	FusionCompute 云平台的版本号
VRM IP	FusionCompute 云平台 VRM 节点的 IP 地址

配置项名称	配置项说明
端口	默认使用 7443，如果对接的 FusionCompute 云平台的端口号为非默认值，则用户根据实际情况进行修改
用户名	VRM 平台具有管理员权限的用户名，当用户管理是普通模式时，要求使用具有 administrator 角色的本地用户；当用户管理是三员分立模式时，要求使用具有 sysadmin 权限的本地用户
密码	用户对应的密码

（4）云平台相关配置项填写完毕之后，单击"完成"，即可完成云平台的添加。

2. 共享配置

设置 Rainbow 代理镜像的共享目录，用于迁移过程中在目的虚拟机上挂载代理镜像。

（1）登录迁移工具，在 Rainbow 迁移工具导航栏中选择"迁移准备"→"代理管理"，配置共享。

关于共享配置项说明如表 7-8 所示。

表 7-8　共享配置项说明

配置项名称	配置项说明
迁移服务器 IP	迁移服务器的 IP 地址列表，需选择与 FusionCompute 平台的 CNA 节点网络互通的 IP 地址
用户名	迁移服务器的用户名，部署 Rainbow 工具的系统用户
密码	用户名对应的密码

（2）单击"确定"，配置成功后可显示镜像的共享路径。

3. 源端准备和检测

（1）源端信息配置。

在 Rainbow 迁移工具导航栏中选择"源主机"→"源端管理"，单击"添加源端"，配置源端信息。

Windows 源端信息配置项说明可参考表 7-9。

表 7-9　Windows 源端信息配置项说明

配置项名称	配置项说明
源端名称	自定义，源端名称只能包含大小写字母、中文、数字、特殊字符，且不能以空格开头或结尾，长度为 1~50 个字符
操作系统类型	Windows
IP	源主机 IP
端口号	源主机的端口号，默认 8899，可修改
用户名	源主机的用户名，要求使用仅属于 administrator 组的管理员账户，推荐使用系统默认的管理员账户
用户密码	用户名对应的密码

Linux 源端信息配置项说明可参考表 7-10。

表 7-10 Linux 源端配置项说明

配置项名称	配置项说明
源端名称	自定义，源端名称只能包含大小写字母、中文、数字、特殊字符，且不能以空格开头或结尾，长度为 1~50 个字符
操作系统类型	Linux
IP	源主机 IP
端口号	源主机的 SSH 服务端口号，默认 22，可修改
用户名	源主机的用户名，要求使用具有管理员权限的账户，推荐使用系统默认的管理员账户
用户密码	用户名对应的密码

（2）源端信息采集和检测。

源端信息配置完成后，单击"确定"，开始采集和检测源端信息。采集和检测完成后，显示检查结果，若检查通过，则表示该源端可以进行迁移。

（3）批量添加源端（单次可最多添加 100 条源端数据）。批量添加源端的步骤如下。

①下载源端模板。在 Rainbow 迁移工具导航栏中选择"源主机"→"源端管理"，单击"批量添加源端"，下载 Excel 模板到本地。

②填写源端信息。打开模板，参考表 7-11 和表 7-12，在模板中填写 Windows 和 Linux 的源端信息。

表 7-11 Windows 源端配置项说明

配置项名称	配置项说明
源端名称	自定义，源端名称只能包含大小写字母、中文、数字、特殊字符，且不能以空格开头或结尾，长度为 1~50 个字符
操作系统类型	Windows
IP	源主机 IP
端口号	源主机的端口号，默认 8899，可修改
用户名	源主机的用户名，要求使用仅属于 administrator 组的管理员账户，推荐使用系统默认的管理员账户
用户密码	用户名对应的密码

表 7-12 Linux 源端配置项说明

配置项名称	配置项说明
源端名称	自定义，源端名称只能包含大小写字母、中文、数字、特殊字符，且不能以空格开头或结尾，长度为 1~50 个字符
操作系统类型	Linux
IP	源主机 IP
端口号	源主机的 SSH 服务端口号，默认 22，可修改
用户名	源主机的用户名，要求使用具有管理员权限的账户，推荐使用系统默认的管理员账户

配置项名称	配置项说明
用户密码	用户名对应的密码

③删除模板中的示例行，保存模板。

④上传文件。在"批量添加源端"窗口中单击 ┉ ，选择填写好的模板文件，单击"上传"。

4. 设置目的虚拟机信息

关于目的虚拟机的配置项说明如表 7-13 所示。

表 7-13　目的虚拟机配置项说明

配置项名称	配置项说明
CPU	建议大于或等于源端规格
内存	建议大于或等于源端规格
磁盘数量和大小	建议大于或等于目的虚拟机磁盘规格的建议值，若 Linux 源端系统盘为 MBR 格式，则目的虚拟机第一块盘不能大于 2 047 GB
网卡数量	至少 1 个
目的虚拟机描述	必须包含 Rainbow 字段

创建目的虚拟机时，必须为网卡选择正确的端口组，否则会导致目的虚拟机配置 IP 后无法连通。

创建目的虚拟机时必须为目的虚拟机添加包含"Rainbow"字段的描述，否则目的虚拟机列表无法查询到所创建的目的虚拟机。

目的虚拟机所有磁盘的"总线类型"建议保持一致。

5. 创建迁移任务

(1)在源端管理界面，单击待迁移源主机右侧的"创建任务"，进入创建任务向导界面。

(2)选择目的云平台类型，勾选"我已经阅读'风险声明'，了解执行迁移操作带来的风险"。

(3)填写任务基础信息。

新建任务基础信息配置项说明如表 7-14 所示。

表 7-14　新建任务基础信息配置项说明

配置项名称	配置项说明
任务名称	自定义，任务名称只能包含大小写字母、中文、数字、特殊字符，且不能以空格开头或结尾，长度为 1~50 个字符，默认为源端名称
源端	创建迁移任务所选择源端的名称(源端 IP)，不可更改
目的云平台	选择目的虚拟机所在的云平台

(4)高级配置。

新建任务高级配置的配置项说明如表 7-15 所示。

表 7-15　新建任务高级配置的配置项说明

配置项名称	配置项说明
最大迁移速率	设置迁移速率上限，输入范围为 0 或 5~1 024，0 表示不限制（默认为 0）
迁移方式	Windows 平台支持块级迁移，Linux 平台支持文件级迁移
是否同步	设置迁移后是否可进行数据同步，默认为是
迁移进程优先级	设置源主机上执行迁移任务进程的优先级，默认级别为中
迁移完成后目的虚拟机状态	设置迁移完成后目的虚拟机的状态，默认为开启
支持断点续传	设置迁移过程是否支持断点续传，默认为否（仅 Linux 可选择，且源端依赖 rsync 组件）
排除目录	设置源主机上不迁移到目的虚拟机的目录，默认为全部迁移（仅支持 Linux）

（5）目的虚拟机的选择。

（6）磁盘分区调整（可选）。

根据需要选择是否进行磁盘分区调整。

（7）配置迁移网络及迁移后目的虚拟机网络。

目的虚拟机网络配置默认为不配置，迁移后目的虚拟机的网卡配置信息与源主机的网卡配置信息保持一致。请注意，当源主机和目的虚拟机在同一网段时，迁移完成后源端 IP 和目的端 IP 可能会有冲突。

配置目的虚拟机网络，选择使用源端 IP 后，设置"迁移后 IP 生效"时。请注意，一旦虚拟机和目的虚拟机在同一网段，迁移完成后，源端 IP 和目的端 IP 可能会有冲突。

（8）迁移网络配置。

迁移网络配置的配置项说明如表 7-16 所示。

表 7-16　迁移网络配置的配置项说明

配置项名称	配置项说明
网卡选择	默认选择第一张网卡，多网卡情况下，Linux 系统可选择其他网卡，Windows 系统只能选择第一张网卡
IP 配置方式	选择 IP 配置方式，默认选择静态
IP 地址	选择网卡分配的 IP 地址，仅在迁移过程中临时使用
子网掩码	IP 地址对应的子网掩码，非 DHCP 场景必选
网关	IP 地址对应的网关，非 DHCP 场景必选
是否使用第三方弹性 IP	迁移过程中是否使用第三方弹性 IP 通信，默认选择否
端口	默认 22（可修改），需确保与目的虚拟机一致（仅 Linux 支持修改目的虚拟机端口）
MTU	设置目的虚拟机的最大传输单元（Maximum Transmission Unit，MTU），默认为 1 400
目的虚拟机网络配置	配置迁移后目的虚拟机的网络，默认不配置（仅支持 Linux）

(9)确认任务信息。

(10)单击"创建",在弹出的提示框中选择"创建完成"后,勾选"立即启动"和"开启任务的主机监性能监控",单击"确定",即可创建迁移任务。

6. 数据迁移

(1)默认情况下,任务创建完成后会自动开始迁移。若创建任务时未勾选"立即启动任务",可进入任务管理界面,单击待启动任务右侧的"启动",即可启动迁移。(任务并发数不能超过30个,超过30个的任务在排队中,待有任务完成,一次自动启动。)

(2)等待迁移任务执行完成。

7. 数据同步

(1)单击"任务管理",进入任务管理界面,单击待进行数据同步的任务右侧的"同步",选择同步类型。(如果是最后一次进行数据同步,则要求源主机在同步前停止业务。)

最终同步:本次同步为最后一次数据同步,之后不能再进行同步。

指定目录同步:执行需要同步的目录,默认情况下不指定,不指定时进行全量同步;多次同步时,下次同步默认继承上次同步指定的目录。

(2)追加数据同步。

(3)数据同步任务启动成功。

(4)等待数据同步完成。

8. 目的虚拟机系统和业务验证

(1)迁移完成后,通过虚拟网络控制台(Virtual Network Console,VNC)登录目的虚拟机,查看系统是否可正常启动。

(2)挂载并安装 UVP Tools。

(3)UVP Tools 安装完成后,重启目的虚拟机,验证业务。

7.3 迁移案例分析

7.3.1 华为云助力云和恩墨数据库迁移

1. 难点与挑战

云和恩墨想要将数据库迁移上华为云,并在底层使用鲲鹏计算资源支撑,该项目面临众多难点和挑战。

(1)系统复杂。将 100 多套 Oracle 和 Microsoft SQL Server 迁入鲲鹏 RDS,总数据量> 100 TB。

(2)要求严苛。停机窗口小于 24 小时,项目工期小于 6 个月(包括代码改造、应用测试、数据迁移和性能优化等)。

2. 成果与价值

若该项目成功迁移,则将带来众多价值。

（1）自主可控。方案以"鲲鹏芯片+开源技术"为依托。

（2）降低TCO。节约高昂的商业许可费用。

（3）性能优异。新数据库的执行效率优于原环境。

3. 方案优势

云和恩墨基于华为云鲲鹏云服务数据库迁移实践的方案优势有以下几个。

（1）分库分表。根据应用特点设计合理的拆分方案。

（2）弹性扩展。结合鲲鹏RDS特性，实现资源按需申请和负载均衡。

（3）因地制宜。通过自研的迁移程序进行自助式的高效迁移和数据校验。

4. 用户反馈

此项目成功迁移后，用户也给予充分认可。此次迁移的顺利完成离不开技术专家的细致调研、详尽评估以及严谨测试等辛勤付出，如此大数据量、跨机房、短停机的平滑迁移是云和恩墨（北京）信息技术有限公司强大技术力量的完美见证，也体现了华为云鲲鹏云服务的强大能力。

数据库迁移实践如图7-10所示。

图7-10　数据库迁移实践

7.3.2　墨天轮社区迁移到鲲鹏KC1

1. 背景介绍

墨天轮围绕数据人的学习成长提供一站式的全面服务，打造集新闻资讯、在线问答、活动直播、视屏课程、文档阅览、资料下载、知识分享及在线运维为一体的统一平台，持续促进数据领域的知识传播和技术创新。

愿景：乐知乐享，同心共济。

使命：知识成就梦想，创新驱动未来。

2. 墨天轮2.0 on 鲲鹏（基于鲲鹏平台的墨天轮2.0方案）

墨天轮为第一批鲲鹏云KC3内测用户。2019年7月开始测试，迁移过程顺利，原x86平台的程序几乎无改动，鲲鹏的性能与x86相比的程序也在可接受范围内。

2019年8月3日，完成产品环境到KC3的切换，运行稳定。

2019年9月8日，KC1正式上线；9月14日，完成从KC3到KC1的迁移工作，性能提升明显。墨天轮社区迁移如图7-11所示。

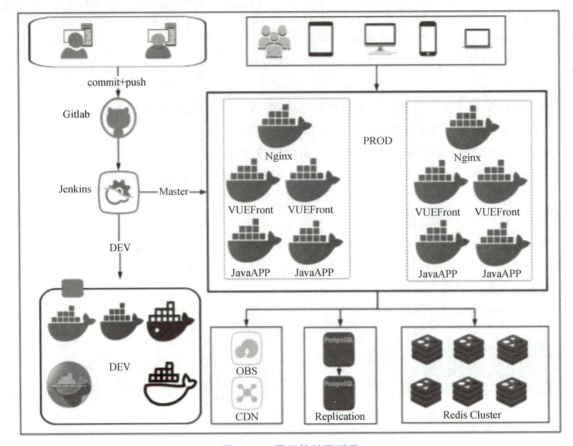

图 7-11　墨天轮社区迁移

7.3.3　华为助力某市电信云迁移项目

1. 用户背景

该电信云在迁移时需要解决之前多个私有云业务统一管理，同时需要解决资源池容量不足问题。此外，因多厂商建设大批私有云，管理维护界面不统一，维护管理相对复杂，该问题在迁移时也需要解决。

2. 迁移解决方案及亮点

电信云迁移到华为云后，华为公有云平台能够提供大型资源池设备和端到端的解决方案，此外在迁移时可以不中断业务，并承诺迁移前后用户配置（包括 IP）不变。

3. 用户价值

电信云迁移至华为云平台后能够带来：

（1）通过天翼 3.0 平台，推向市场，用户可以更灵活的定制各种资源；

（2）统一维护平台，统一计费；

（3）对终端用户提供更多定制化服务。

电信云迁移如图 7-12 所示。某电信云迁移项目，项目范围实例 195 个，将私有云迁移至天翼云，解决之前多个私有云业务统一管理，同时解决资源池容量不足问题。

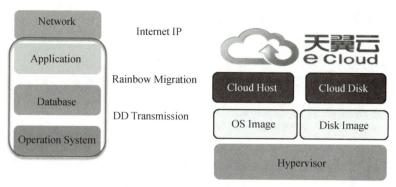

图 7-12 电信云迁移

7.3.4 华为助理某医疗云迁移项目

1. 难点与挑战

某医疗机构系统想要上云，面临以下难点和挑战。

(1)该医疗机构多达 11 个信息化系统，12 个维度临床数据，6.7 万住院人次，2.7 万份患者病例，1.4 亿条临床记录，8 861 例随访病历数据，并将其进行结构化与标准化处理，助力临床及科研。

(2)该医疗机构要实现多个部门间的信息的协同和统一，实现海量数据信息的汇聚、整合、清洗、关联、标准化、检索及分析挖掘的一体化管理，发展集临床数据展示、查询与分析等转化医学服务，打造基于标准化临床大数据中心的辅助诊疗、转化医学、精准医疗及智慧医疗平台。

2. 方案优势

华为云助力该医疗机构成功迁移上云，如图 7-13 所示，该方案的优势如下。

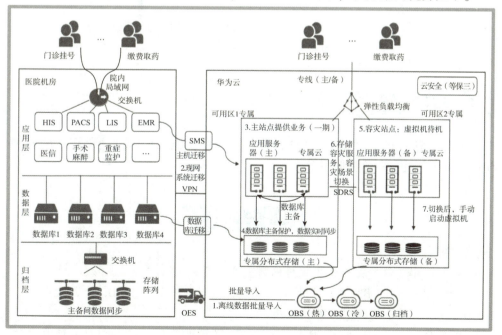

图 7-13 医疗云项目

（1）分期提供业务。根据应用特点设计合理的拆分方案。

（2）高可靠性。结合云服务特性，在两个可用分区进行应用主备部署。

（3）数据访问效率。通过冷热数据分层处理和存放。

（4）高安全性。采用云服务产品使其云安全达到等保三级要求。

7.3.5 某市政务云联合解决方案

1. 用户背景

为了打造创新型政府服务模式，政府服务平台通过云迁移技术将任何其他物理平台及虚拟化平台的业务系统环境数据一体化在线迁移至政务云，或者对不适合在虚拟化环境运行的业务系统迁移至物理环境，如图7-14所示，提供双向完整的迁移运维服务。

2. 迁移解决方案经验分享

该政务云平台整个迁移过程简单，在源端安装客户端程序，使用目的端迁移镜像引导目的端主机，然后控制端配置迁移策略，即可实现一键在线迁移，无须人员手工执行任何与业务相关操作，仅需在迁移完成后，进行业务可用性和数据完整性验证。迁移方案将任意业务迁移到云平台，使用户尽快享受云服务带来的便捷服务；降低迁移风险，减轻政策压力。

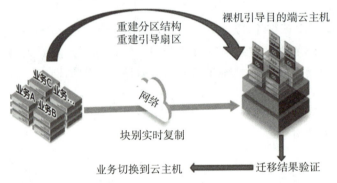

图 7-14 政务云联合解决方案

7.4 本章小结

本章主要介绍了华为云鲲鹏云迁移的背景、迁移实施流程以及迁移用到的各种工具，最后展示了基于华为云的客户迁移案例。

习 题

一、选择题

1. 风险应对计划属于业务云化迁移的哪一步？（　　　）

A. 调研评估　　　　B. 方案设计　　　　C. 迁移实施　　　　D. 验证优化

2. （多选）以下属于迁移实施的步骤有（　　　）。

A. 迁移方案　　　　B. 应急演练　　　　C. 环境准备　　　　D. 业务监控

3. （多选）Rainbow 工具支持的迁移场景有（　　　）。

A. P2V   B. V2V   C. I2I   D. I2V

4.（多选）以下支持在线迁移的工具的有(　　　)。

A. Rainbow   B. i2Move   C. CloudBus   D. 镜像导出/导入

5. 公司网站迁移上云部署的操作顺序是(　　　)。a. 域名注册；b. 私有网络新建；c. 云服务器创建；d. EVS 创建；e. 数据库创建；f. 迁移上云。

A. bcdef   B. abcdf   C. abdef   D. abcdef

二、判断题

1. FusionCompute 分布式虚拟交换机一方面可以对多台服务器的虚拟交换机统一配置、管理和监控，另一方面可以保证虚拟机在服务器之间迁移时网络配置的一致性。 (　　　)

2. 将一个正在运行的桌面虚拟机迁移到其他服务器时，会短时间地中断业务。

(　　　)

3. 现在需要将阿里云的专有网络 VPC 与传统数据中心组成一个按需定制的网络环境，实现应用的平滑迁移上云。专有网络 VPC 可以与 VPN 连接方式组合来实现该架构。

(　　　)

4. 物理搬迁属于上云迁移。 (　　　)

5. 上云迁移服务在带动云资源的销售过程中没有任何作用。 (　　　)

三、简答题

1. 一般适合进行上云迁移的业务系统具有哪些特点？

2. 简要分析上云迁移的用户痛点？

3. 企业将传统的数据中心迁移上云，建设云数据中心有哪些好处？

参考文献

[1]张磊. 鲲鹏架构入门与实践[M]. 北京：清华大学出版社，2021.

[2]戴志涛，刘健培. 鲲鹏处理器架构与编程[M]. 北京：清华大学出版社，2020.

[3]华为公司. 云计算技术[M]. 北京：人民邮电出版社，2021.

[4]王中刚，薛志红，项帅求，等. 服务器虚拟化技术与应用[M]. 北京：人民邮电出版社，2018.

[5]张建勋，刘航. 华为云从入门到实战[M]. 北京：清华大学出版社，2022.

[6]何强，谭虎，何龙. 企业迁云实战[M]. 北京：机械工业出版社，2017.